WOW! Nachricht aus dem All

© Fany Fazii

Hendrik Lambertus, geboren 1979 in Hannover, studierte in Tübingen deutsche, skandinavische und indische Literatur. Nach der Promotion machte er seine Liebe für das Schreiben zum Beruf und gründete seine eigene Schreibwerkstatt, die »Satzweberei«. Mit seiner Frau und seinen vier Kindern lebt er in der Nähe von Bremen.

© privat

Marc Meyer ist Drehbuchautor und Regisseur. Seine Filme wurden auf zahlreichen Festivals gezeigt und ausgezeichnet. Für das Fernsehen arbeitete er u.a. für Löwenzahn und den Welthit Mia & Me. Die Idee für WOW! hatte er, weil er seiner Tochter kein Pony kaufen konnte und sich selbst immer eine Mondrakete gewünscht hat.

Hendrik Lambertus
nach einem Drehbuch von Marc Meyer

WOW!

NACHRICHT AUS DEM ALL

Das Buch zum Film

CARLSEN

Am Ende des Buches findest du ein Weltraum-Lexikon, in dem einige wichtige Begriffe aus der Geschichte erklärt werden. Du erkennst die Begriffe daran, dass sie in einer anderen Schrift geschrieben wurden und dadurch etwas anders aussehen als die übrigen Wörter.

Wir produzieren nachhaltig

- Klimaneutrales Produkt
- Papiere aus nachhaltigen und kontrollierten Quellen
- Hergestellt in Europa

FSC www.fsc.org
MIX
Papier | Fördert gute Waldnutzung
FSC® C021394

Veröffentlicht in der Carlsen Verlag GmbH
Völckersstraße 14–20, 22765 Hamburg
Dezember 2023

Lektorat: Helen Oppen
Umschlagbild und Tafelteil:
© Max von Treu, Marc Reimann, Bernd Spauke
Umschlaggestaltung: formlabor
Herstellung: Joy Knoff
Satz: Dörlemann Satz, Lemförde
ISBN: 978-3-551-32183-1

Constantin Film präsentiert eine SamFilm Produktion in Koproduktion mit Constantin Film Produktion & Alias Entertainment »WOW! Nachricht aus dem All«

Mischung: Benedict Uebe
Sound Design: Wavefront Studios
Originalton: Alex Rubin
Produktionsleitung: Felix Hultsch
Herstellungsleitung: Ole Wilken
Maske: Peggy Lilkendey, Marcus Michael
Kostüme: Andrea Spanier
Casting: Uwe Bünker (BVC)
Filmmusik: Annette Focks
Schnitt: Anne-Kathrein Thiele
Szenenbild: Carola Gauster
Bildgestaltung: Sonja Rom
Drehbuch: Marc Meyer
Produzenten: Ewa Karlström, Andreas Ulmke-Smeaton, Bernd Schiller
Koproduzent: Martin Moszkowicz
Regie: Felix Binder

GEFÖRDERT DURCH:

FFF Bayern
Film und Medien Stiftung NRW
medienboard BerlinBrandenburg
FFA
Deutscher Filmförderfonds der BKM

1

BEGEGNUNG AUF DEM SCHROTTPLATZ

Eine der größten Entdeckungen der Menschheit begann damit, dass Dino fast von einem Autodach erschlagen wurde. Um genau zu sein, war es nicht nur ein Autodach, sondern auch ein alter Grill, eine Rolle Maschendraht und jede Menge weiterer Metallschrott. Er hatte das alles zu einer Satellitenschüssel zusammengeschweißt – groß genug, um damit Signale aus dem Weltall empfangen zu können.

Aber dafür musste die Autodach-Schüssel erst einmal an einen hohen Ort, zum Beispiel auf das Dach seines Doppeldeckerbusses. Also versuchte Dino, das Ding mit einem Seil genau dort hinaufzuwuchten.

Doch das Seil rutschte ihm aus den Fingern – nicht, weil er an der rechten Hand nur drei davon hatte, sondern weil es einfach verflixt schwer war. Die Schüssel löste sich und krachte direkt neben ihm auf den Boden. Einen halben Meter weiter rechts und seine Karriere als Weltraumforscher hätte mit einem dinoförmigen Matschfleck ein Ende gefunden. So aber blieb er zum Glück unverletzt – wenn man einmal davon absah, dass sein Stolz angeknackst war wie eine alte Autoantenne.

Dino konnte Satellitenschüsseln bauen und auf Bussen befestigen, weil seine Eltern einen riesigen Schrottplatz betrieben. Hier gab es einfach alles; vom Kühlschrank bis zur Waschmaschine, von der Mikrowelle bis zum LKW.

Für die meisten Menschen mochte das Müll sein – für Dino war es eine unerschöpfliche Schatzkammer. Er hatte nie verstehen können, was die Leute so alles wegwarfen. Das konnte man doch noch gebrauchen! Schon seitdem er krabbeln konnte, streifte er über den Schrottplatz, und sobald er einen Schraubenzieher halten konnte, bastelte er an allem herum, was ihm dabei in die Finger kam.

Sein neuestes Projekt war die Satellitenschüssel, die ihn eben fast erschlagen hätte. Auf dem Dach des Busses hätte sie bestimmt galaktisch ausgesehen. Doch jetzt lag sie zwischen alten Fässern und verbogenem Metallgestänge im Matsch herum und machte einen eher kläglichen Eindruck.

Missmutig ließ Dino seinen Blick über die Umgebung schweifen, über Autowracks und rostige Elektroherde. Im hohen Gras zirpten gleichmütig die Grillen. Wie sollte er das Ding bloß alleine da hochbekommen?

»Hey!«

Eine Stimme ließ ihn zusammenzucken. Er fuhr herum – und sah ein Mädchen vor sich, das er noch nie zuvor gesehen hatte. Sie war ungefähr in seinem Alter, also etwa elf Jahre alt, hatte kräftige schwarze Locken und kam auf einem Fahrrad auf ihn zugerollt. Papa musste das Tor mal wieder offen gelassen haben, sonst wäre sie nicht hineingekommen …

»Soll ich mit anfassen?«, fragte sie beim Absteigen und nickte zur Satellitenschüssel.

Skeptisch betrachtete Dino das Mädchen. Hatte sie gesehen, wie ihn die Schüssel gerade fast erwischt hatte?

Musste ihm das peinlich sein? Doch das Mädchen lächelte neugierig und er konnte wirklich Hilfe gebrauchen … Also nickte er.

»Gut!« Voller Tatendrang schaute sich das Mädchen um. »Wir sollten einen Flaschenzug bauen, am besten mit mehreren Rollen. Dann wird die Kraft besser umgelenkt …«

Dinos Augen weiteten sich. Die hatte ja richtig gute Ideen! Er zeigte auf einen Schrotthaufen in der Nähe.

»Da drüben gibt es Kugellagerblöcke! Damit müsste man etwas anfangen können …«

Das Mädchen lief sofort los. Dino, der mit dem linken Bein humpelte, folgte ihr deutlich langsamer. Dass er dadurch etwas länger brauchte, störte Dino eigentlich nicht, nur manchmal war es nervig, wenn er mir Leuten unterwegs war, die das noch nicht wussten. Als er bei dem Mädchen ankam, wühlte sie bereits im Schrotthaufen herum.

»Billie«, murmelte sie dabei beiläufig.

»Wie?«

»Ich heiße Billie.«

»Oh … Ich bin Dino. Und jetzt bitte keine T-Rex-Witze, ich kenne sie alle.« Auch er machte sich ans Wühlen. »Wie kommt es, dass ich dich hier noch nie gesehen habe?«

»Ich bin gerade erst mit meinem Vater in die Gegend gezogen und … Tadaa!« Triumphierend angelte Billie ein Kugellager aus dem Haufen und hielt es wie einen Pokal in die Höhe. »Nach den Ferien komme ich hier auf die Schule. Auf dieselbe wie mein Papa, das ist praktischer so. Wir sind nämlich alleinerziehend.«

»Dein Vater geht noch zur Schule?«, wunderte sich Dino.

»Quatsch, der ist Lehrer. Also, eigentlich ist er Astrophysiker. Aber nun unterrichtet er Mathe und Physik.«

Bei dem Wort »Astrophysiker« machte Dinos Herz einen Hüpfer. Diese Billie war offenbar nicht nur nett und schlau, sondern steckte auch voller Überraschungen!

Dino und Billie quatschten über alles Mögliche, während nebenbei ganz von selbst ein Flaschenzug aus Kugellagern, Stahlfelgen und sonstigem Metallschrott entstand.

»Wofür brauchst du dieses Ding eigentlich?«, fragte Billie plötzlich und nickte zu der Schüssel.

»Forschungen«, murmelte Dino ausweichend.

Billie betrachtete ihn fragend und zuckte schließlich mit den Schultern.

Gemeinsam montierten sie den Flaschenzug an dem Doppeldeckerbus und packten beide mit an, als sie die Satellitenschüssel mit der Seilwinde auf den Bus beförderten. Dann verschraubten sie die Schüssel auf dem Dach. Schließlich ragte die Konstruktion stolz dem Himmel entgegen – wie bei einem richtigen Observatorium!

Erschöpft, aber glücklich legte Dino sich rücklings auf das Dach, direkt neben die riesige Schüssel. Auch Billie streckte sich aus. Sie war inzwischen ölverschmiert und zerzaust und Dino sah bestimmt auch nicht besser aus. Aber das störte die beiden nicht im Geringsten. Für einen Moment betrachteten sie schweigend die Schüssel. Bis Dino sich selbst dabei ertappte, dass er stattdessen Billie anschaute. Er hätte sich nie träumen lassen, dass eine

Helferin bei seinem großen Projekt plötzlich einfach so vor ihm stehen würde …

»Was?« Sie schien seinen Blick bemerkt zu haben.

»Nix«, murmelte Dino verlegen. »Sahst erst nur nicht so aus, als könntest du richtig mit anpacken.«

Das stimmte nicht wirklich, aber er wusste nicht recht, was er sonst sagen sollte.

»Du auch nicht«, erwiderte Billie.

»Hm?« Er bemerkte, dass sie auf seine Hand schaute. Natürlich – ihr war aufgefallen, dass er rechts nur drei Finger hatte. »Ach, das. Bin mal in die Schrottpresse gefallen. In die da hinten. Mit fünf.«

»Übel«, meinte Billie. Aber Dino zuckte nur mit den Schultern.

»Geht das Humpeln noch mal weg?«, hakte sie weiter nach.

»Nee.«

Er zog sein Hosenbein hoch und zeigte Billie, dass sein Fußgelenk durch eine Orthese aus Metall unterstützt wurde. Sie lag ganz dicht am Bein an und sah ziemlich technisch aus.

»Das ist ein Kassenmodell«, erklärte er. »Ich hab's schon ein bisschen getunt, aber besser geht's nicht.«

Er zeigte stolz auf die flexiblen Stahlfedern, die er mit seiner Orthese verschraubt hatte. Doch er war auch angespannt. Manche Leute reagierten mit Mitleid oder sogar Ekel, wenn es zu dem Thema kam – er konnte beides nicht leiden. Billie jedoch betrachtete interessiert die Metallkonstruktion.

»Man müsste eine Art Verbindung schaffen zwischen dem elektrischen Strom in deinen Nervenzellen und der Mechanik«, murmelte sie.

Die hatte echt Durchblick! Dino traf eine Entscheidung: Ihr konnte er seine geheimen Forschungen anvertrauen!

»Komm mit!«, rief er und rutschte an dem Seil hinunter, das vom Dach des Busses herabhing. Billie folgte ihm neugierig nach unten. Dort stellte Dino sich vor die Türen des Busses – und klatschte mit den Händen einen bestimmten Rhythmus, sein geheimes Signal:

Klatsch-Ka-klatsch-klatsch-Ka-Klatsch!

Die Türen öffneten sich mit einem Zischen. Der Sensor funktionierte tadellos! Billie pfiff anerkennend durch die Zähne, als sie Dino nach drinnen folgte.

Im Bus gab es schon lange keine Sitzreihen mehr, stattdessen hatte er hier seine Zentrale eingerichtet. Unten befand sich seine Sitzecke mit einem alten Sofa und einigen Topfpflanzen. Und oben war alles vollgestopft mit Technik: Hier erstreckte sich ein Netzwerk aus Computern mit offenem Gehäuse und großen Bildschirmen, die alle diverse Sprünge und Macken hatten. Hifi-Boxen waren an einen Gitarrenverstärker angeschlossen, und daneben waren noch jede Menge weitere Apparate im Raum verteilt, die Dino im Laufe der Zeit angesammelt hatte. Man konnte sich kaum umdrehen, ohne gegen irgendein geheimnisvolles Gerät zu stoßen.

»Cool … und gemütlich«, sagte Billie. Dann beugte sie sich interessiert über einen der Rechner. »Wofür brauchst du das alles?«

»Ich glaube, es gibt Intelligenzen da draußen, die sind erheblich schlauer als wir Menschen«, erklärte Dino und zeigte zur Busdecke hinauf, meinte aber eigentlich den Himmel. »Mit denen würde ich gerne mal sprechen.«

»Okaaay …?«, machte Billie gedehnt.

»Oder zumindest eine Botschaft von ihnen empfangen«, setzte Dino nach.

»Du meinst, so wie damals das Wow!-Signal?«, fragte Billie.

Dino grinste breit. »Genau! Du kennst dich aus.«

Das Wow!-Signal war vor fast 50 Jahren in den USA aufgezeichnet worden. Es kam irgendwo aus der Richtung des Sternbildes Schütze und wirkte sehr regelmäßig – eben wie eine künstliche Botschaft, die jemand bewusst losgeschickt hat. Es wurde nur 72 Sekunden lang gemessen. Doch der Wissenschaftler, der es empfangen hatte, war davon so beeindruckt, dass er aufgeregt das Wort »Wow!« neben die Aufzeichnung kritzelte. Bis heute ist nicht genau geklärt, was dieses Signal eigentlich war.

Dino schaltete das Gerät ein, das er mit seiner neuen Schüssel verkabelt hatte. Sofort kamen merkwürdig knackende und rauschende Geräusche aus den Boxen. Es hörte sich an, als würde jemand einen Presslufthammer im Klo runterspülen.

Billie runzelte die Stirn und griff zielsicher nach dem Rädchen, das die Frequenzen einstellte. Als sie daran herumdrehte, veränderten sich die Geräusche: Erst ertönte Kindergeschrei aus einem Babyfon, dann die neuesten Nachrichten aus Hinterkleckersdorf und schließlich dudelnde Musik in einer Sprache, die sie beide nicht kannten.

»Das klingt jetzt nicht sooo außerirdisch«, meinte Billie.

Dino seufzte. »Die Feineinstellungen stimmen halt noch nicht ganz«, gab er zu.

Doch Billie strahlte schon wieder. »Mein Vater hat jede Menge Bücher über Astrophysik! Die bringe ich beim nächsten Mal mit, dann kriegen wir das schon hin.« Sie zögerte. »Das heißt, wenn du mich hier nochmal gebrauchen kannst ...«

»Klar!«, erwiderte Dino begeistert. »Gleich morgen? Eine Forschungspartnerin wäre schon cool.«

»Gleich morgen!«, bestätigte Billie und lächelte. »Mach bis dahin nichts kaputt.«

Dino stand noch lange am Tor und schaute ihr hinterher. Gemeinsam würden sie die Weltraumforschung so richtig in Fahrt bringen!

2

DAS SIGNAL

Eigentlich war Billie wenig begeistert über den Umzug gewesen. Immerhin kannte sie in dieser Gegend niemanden und bis zum Schulbeginn waren es noch Wochen – lange und öde Wochen ohne ihre Freundinnen und Freunde.

Das hatte sie jedenfalls befürchtet. Doch seit sie diesem Dino auf dem Schrottplatz begegnet war, sah die Sache plötzlich ganz anders aus. Endlich mal jemand, der sich auch ernsthaft für das Weltall interessierte!

Während Papa am nächsten Morgen Umzugskartons auspackte, durchstöberte Billie seine Bücher. Sie suchte ein paar passende Bände aus und stopfte sie in ihren Rucksack. Dabei fiel ihr Blick auf das Foto von Mama im Bücherregal: eine Frau mit Billies tiefschwarzen Locken, ihrer dunklen Haut und dem liebsten Lächeln der Welt. Sie trug einen bulligen Raumanzug mit dem Logo der ESA, der Europäischen Weltraumorganisation. Und nun forschte also auch Billie an einem Weltraumprojekt … Ob Mama wohl stolz auf sie gewesen wäre? Billie machte ihren Rucksack zu und schwang sich aufs Fahrrad.

Dino erwartete sie schon am Eingangstor des Schrottplatzes. Rasch liefen sie in die Bus-Zentrale.

»Und?«, drängelte Dino aufgeregt. »Hast du die Bücher?«

»Klar.« Billie nickte selbstbewusst und stapelte die

Bände vor Dino auf einen Tisch. Seine Augen wurden mit jedem Wälzer größer.

Es dauerte ziemlich lange, die Infos aus den Büchern umzusetzen. Billie und Dino bastelten jeden Tag an den Geräten herum, verstellten die Frequenzen und versuchten irgendwie, die Schüssel auf Signale aus dem All auszurichten. Mal bekamen sie einen Wetterbericht aus Neuseeland zu hören, mal die Direktübertragung von einem Jodelwettbewerb und mal Geräusche, die wie eine Kaffeemaschine mit Schluckauf klangen.

Dann war es endlich so weit. Die Boxen spuckten keine seltsamen Schlager oder vernuschelten Radionachrichten mehr aus. Stattdessen war plötzlich ein dumpfes Rauschen zu hören, unterlegt von einem gelegentlichen Fiepen im Hintergrund. Billie und Dino schauten sich an.

»Das«, flüsterte Dino feierlich, »ist der Sound des Weltraums. `Kosmisches Rauschen.`«

Sie hatten es geschafft! Konzentriert lauschte Billie auf das Geräusch. Irgendwie klang das ziemlich leise und verwaschen. Sie drehte unzufrieden an einigen Reglern herum, aber das machte es nicht besser.

Auch Dino sah nicht ganz glücklich aus. »Die Signale sind zu schwach«, sagte er. »Wenn wir außerirdische Botschaften empfangen wollen, reicht das noch nicht.«

Fast gleichzeitig schauten Billie und Dino zu dem Verstärker. Sie hatten die Leistung des Geräts bereits mit Kupferdraht gepimpt – aber anscheinend noch nicht stark genug.

»Mehr Kupferspulen!«, rief Billie entschlossen.

Die beiden machten sich getrennt auf die Suche. Inzwischen kannte Billie sich auf dem Schrottplatz schon ganz gut aus, und sie wusste, wonach sie Ausschau halten musste. Rasch entdeckte sie das Wrack eines Lastwagens, der wie ein gestrandeter Wal halb auf der Seite lag. Sie schaffte es irgendwie, die verklemmte Motorluke aufzustemmen – und grinste triumphierend.

»Bingo!«

Am Motorblock des LKWs gab es tatsächlich noch Kupfer abzustauben. Entschlossen kroch sie halb in die Luke und machte sich daran, die Spule auszubauen. Sie war gerade dabei, das Ding mit einem Schraubenschlüssel herauszuhebeln, als hinter ihr plötzlich wütendes Hundegebell ertönte.

Sie stieß sich den Kopf an der Luke und wirbelte herum. Zwei große Schäferhunde kamen quer über den Schrottplatz auf sie zugestürmt!

Erschrocken blieb Billie stocksteif stehen. »Karossa! Karacho! Aus!«, hallte eine Stimme über den Platz.

Die beiden Hunde hielten dicht vor Billie inne und knurrten sie finster an. Ein Mann tauchte hinter einem Turm aus alten Waschmaschinen auf. Er hatte einen Vollbart und trug ein ärmelloses Shirt, sodass die Tätowierungen auf seinen Armen zu sehen waren.

»Ey!«, schnauzte er Billie unfreundlich an. »Was machst du da?«

Die Hunde knurrten weiter. Billie hatte keine Ahnung, was das alles sollte.

»Ehm … Kupferspulen ausbauen«, erwiderte sie hilflos.

Sofort schnappte der Mann sich ein Walkie-Talkie, das an seinem Gürtel befestigt war.

»Silke, Schatz«, sprach er in das Gerät, »ruf mal eben die Polizei, ja? Rodscha.«

»Wat?«, erwiderte eine knackende Stimme. »Gut, mach ich, Wolfgang Bär. Rodscha.«

In diesem Moment polterte es in einem schrottigen Kleintransporter, der etwas abseits vor sich hin rostete. Die beiden Hunde zuckten zusammen und knurrten wieder lauter. Dino kam aus dem Fahrzeug gekrochen, mit einem Bündel bunter Kabel in der Hand. Als die Hunde ihn erkannten, wich das Knurren einem freundlichen Schwanzwedeln.

»Is' gut, Papa!«, rief er dem tätowierten Mann zu. »Das ist Billie! 'ne Freundin von mir.«

Der Mann warf seine Stirn in Falten, sodass er einer Bulldogge ähnelte. »Silke, Schatz?«, sagte er ins Walkie-Talkie. »Kommando zurück mit der Polizei. Komm ma' besser selber her.«

Es dauerte nicht lange, bis eine Frau in einem blauen Arbeitsanzug erschien. Sie musterte Dino streng, der plötzlich schuldbewusst aussah. Kleinlaut führte er seine Eltern zur Doppeldeckerbus-Zentrale. Billie ging verwirrt neben ihm her.

»Was soll das?«, flüsterte sie ihm zu.

»Öhm … Es könnte sein, dass ich meinen Eltern ein kleines bisschen nichts von unseren Forschungen erzählt habe«, erwiderte Dino ebenso leise.

»Oje«, seufzte Billie verständnisvoll.

Dino stieß ebenfalls einen Seufzer aus. »Meine Eltern … sind eben meine Eltern.«

Wenig später standen sie alle vier in der Zentrale. Die Schäferhunde Karossa und Karacho hatten es sich auf dem Sofa bequem gemacht. Dino wirkte ziemlich nervös und fuhrwerkte am Empfangsgerät herum. Schon ertönte wieder das Rauschen und Knacken des Weltraums.

»Und?«, fragte Billie gespannt. »Was sagen Sie?« Dinos Eltern mussten einfach beeindruckt von diesem Apparat sein, oder etwa nicht?

Doch seine Mutter Silke schaute sich mit kritischem Blick zwischen den Geräten in der Zentrale um. »Kupfer, Zinn, Wolfram, das gute Alu aus den Felgen, Niro-Stahl«, zählte sie auf.

»Mindestens 2500 Euro, sag ich mal«, ergänzte Dinos Vater Wolfgang.

»Zwei-Sieben«, verbesserte Silke.

Wolfgang musterte seinen Sohn. »Mensch, Dino! Und wir wundern uns, warum am Monatsende immer was fehlt. Was ist denn los mit dir?«

Dino schaute zwischen seinen Eltern hin und her. Frustriert zuckte er mit den Schultern. Das war ja kaum auszuhalten! Rasch redete Billie los, damit überhaupt jemand etwas Sinnvolles sagte.

»Sind ja Rohstoffe«, erklärte sie versöhnlich. »Die steigen im Preis, wissen Sie? Irgendwann sind sie das Doppelte wert. Bei der Weltlage gerade!«

Wolfgang und Silke starrten Billie an, als hätten sie zum ersten Mal bemerkt, dass sie überhaupt da war.

»Sybille, ne?«, begann Wolfgang. »Sag mal, Sybille, wo …«

»Billie!«, unterbrach ihn Billie. »Kommt von Annabell, aber das hat irgendwann nicht mehr gepasst.«

Dinos Eltern tauschten einen seltsamen Blick.

»Verstehen Sie überhaupt, was wir hier machen?«, fragte Billie zunehmend ratlos. Beide zuckten mit den Achseln. Der Weltraum rauschte im Hintergrund vor sich hin, und Dino schüttelte heftig den Kopf. Offenbar glaubte er nicht daran, dass Erklären bei seinen Eltern etwas brachte. Billie achtete nicht darauf.

»Wir stehen kurz davor, die Signale von Außerirdischen zu empfangen«, sagte sie. »Und dann werden wir ihre Sprache dechiffrieren.«

Dino vergrub sein Gesicht in den Händen. Die Blicke seiner Eltern wurden immer seltsamer.

»Ent-schlüs-seln!«, erklärte Billie das Fremdwort.

Das machte nicht den Eindruck, den sie erhofft hatte. Die Antwort von Dinos Vater bestand darin, sie einfach wortlos aus dem Bus zu schieben. Wenig später stand sie draußen vor dem Schrottplatz, und Wolfgang warf das Tor hinter ihr zu.

»Ab heute gilt für dich: Hausverbot!«, erklärte er streng. »Das hier ist kein Abenteuerspielplatz, das is' 'n Business.«

Er zeigte auf ein gelbes Verbotsschild mit der Aufschrift ELTERN HAFTEN FÜR IHRE KINDER.

»Aber Dino …«, setzte Billie an.

»Reicht, wenn du Dino in der Schule siehst«, schnitt ihr Wolfgang das Wort ab.

»Es sind doch Ferien!«

»Gut.« Zufrieden verschwand er zwischen seinen Schrotthaufen.

»Und wir gehen auch gar nicht auf dieselbe Schule!«, rief Billie. Niemand antwortete ihr. Frustriert schnappte sie ihr Fahrrad und fuhr schließlich nach Hause.

Glücklicherweise durfte Billie bald feststellen, dass sie mit Dino neben ihrer Weltall-Begeisterung eine weitere Eigenschaft teilte: Beide hatten einen ausgeprägten Dickkopf! Als sie am nächsten Morgen trotz des Hausverbots wieder zum Schrottplatz fuhr, wartete Dino dort schon am Tor auf sie.

»Klar machen wir weiter!«, erklärte er. »Ich habe nur tagsüber keine Zeit mehr. Meine Eltern wollen, dass ich auf dem Schrottplatz helfe. Den Schaden abarbeiten – und lernen, wie das im Leben so läuft.« Er seufzte.

»Dann forschen wir halt nachts!«, rief Billie entschlossen.

Dino grinste. »Das ist die richtige Einstellung.«

Genau so machten sie es. Nach Einbruch der Dunkelheit radelte Billie rüber zum Schrottplatz, und wie schattenhafte Ninjas auf geheimer Mission schlichen sie zwischen den Autowracks herum, um alle fehlenden Bauteile zu besorgen. Praktischerweise hatte sich Billies Papa bis über beide Ohren in Arbeit vergraben, sodass er nichts davon bemerkte.

Gelegentlich tauchten Karossa und Karacho aus der Dunkelheit auf, um die vermeintlichen Einbrecher zu stellen. Doch für solche Fälle hatten sie immer ein paar

Leckerlis dabei. Billie stellte fest, dass die beiden Wachhunde regelrecht nett sein konnten; sie mussten nur satt und zufrieden sein und deinen Geruch kennen. Schon bald ließen sie sich sogar von ihr streicheln.

Eine gute Woche später war es endlich so weit: Der Verstärker in der Zentrale war mit den zusätzlichen Kupferspulen ausgerüstet, die Schüssel neu ausgerichtet und alle Geräte mithilfe von Papas Büchern perfekt eingestellt. Lange Nächte des Schraubens, Bastelns und Friemelns lagen hinter ihnen – und das Unbekannte vor ihnen.

Billie und Dino saßen an den Computerbildschirmen und fühlten sich irgendwie feierlich und aufgeregt zugleich. Entschlossen drehte Dino am Frequenz-Rädchen.

Wieder ertönte das Rauschen des Weltalls, diesmal deutlicher und kraftvoller als jemals zuvor.

»Der klarste Empfang ever!«, schwärmte Dino.

»Schscht!«, machte Billie. Denn da war noch mehr: ein anderes Geräusch, das sich leise, aber unverkennbar in das Rauschen mischte. Es war eine Art Pfeifen oder Singen, das abwechselnd lauter und leiser wurde, höher und tiefer. Es klang fast wie eine Melodie, ein dumpfer Sprechgesang. Und es kehrte immer wieder, im exakt gleichen Rhythmus.

Billie und Dino schauten sich an.

»Das … ist ein Signal«, flüsterte Dino.

»Und es wirkt künstlich«, fügte Billie hinzu. »Eine Art Lied – oder eine fremde Sprache …«

»Woooooow!« Jubelnd fielen sich die beiden in die Arme. Das war *die* Entdeckung! Fasziniert und aufgeregt machten sie sich sofort wieder an die Arbeit, sie hatten keine Zeit zu verlieren: Immer wieder hörten sie sich das Signal an. Sie versuchten, den seltsamen Rhythmus irgendwie mitzuschreiben und Muster darin zu erkennen. Schon bald hatten sie mehrere Seiten mit Notizen gefüllt. Aber so eine Entschlüsselung war gar nicht so einfach … Gehörte dieses Knacken jetzt zum Signal oder war das nur im Hintergrund? Und warum wiederholten sich manche Tonfolgen immer wieder?

»Und jetzt?«, fragte Dino schließlich etwas ratlos.

»Das ist ein Fall für die Astrophysik!«, erwiderte Billie entschlossen. »Lass uns meinen Vater wecken.«

3

NÄCHTLICHER ÄRGER

Dino konnte sich nicht erinnern, jemals so glücklich gewesen zu sein! Ungeduldig schaute er zu, wie Billie den uralten Kassettenrekorder in ihren Rucksack stopfte, mit dem sie das Signal aufgezeichnet hatten. Dann rannten sie aus dem Bus und schnappten sich ihre Mountainbikes. Dino stellte sein Bein mit der Orthese auf die Spezial-Pedale, die er extra dafür entworfen hatte. Mit Beinahe-Lichtgeschwindigkeit ging es runter vom Schrottplatz und durch die nächtlichen Straßen der Stadt.

Schließlich erreichten sie eine Wohnsiedlung am Stadtrand. Auf Billies Zeichen hin hielten sie vor einem Reihenhäuschen mit Vorgarten an.

Sie ließen die Fahrräder einfach liegen und liefen direkt über den Kiesweg zur Haustür. Billie war gerade dabei, ihren Schlüssel aus der Tasche zu angeln – da ging die Tür schon von selber auf und ein Mann mit dunklen Haaren blinzelte ihnen verständnislos entgegen. Das musste Billies Vater sein. Sie hatte erwähnt, dass er Alex hieß, wenn Dino sich richtig erinnerte.

Der Mann räusperte sich streng und hielt sein Handy hoch. Wortlos deutete er auf die Uhrzeit, die das Display anzeigte: 2:35 Uhr.

»Papa«, keuchte Billie außer Atem. »Bevor du irgendetwas sagst, *musst* du dir das hier anhören!«

Dino beeilte sich inzwischen, den Kassettenrekorder

aus dem Rucksack zu reißen. Triumphierend hielt er das Gerät hoch, als wäre es der erstaunlichste Gegenstand der Welt.

»Es erklärt alles!«, verkündete er stolz.

»Alles!«, wiederholte Billie nachdrücklich.

Ihr Vater betrachtete den Rekorder ausdruckslos. Dann trat er seufzend einen Schritt beiseite und ließ die beiden reinkommen. Gemeinsam quetschten sie sich an einigen Umzugskartons im Flur vorbei und betraten das Wohnzimmer. Dino platzierte den Kassettenrekorder auf dem Tisch und drückte auf *Play*. Kosmisches Rauschen erfüllte den Raum, unterlegt von der geheimnisvollen Melodie, die für Dino immer mehr wie ein rhythmischer Sprechgesang klang.

Billies Vater hatte die ganze Zeit über nichts gesagt. Scheinbar unbeeindruckt hörte er sich ihre Entdeckung an. Dann schnellte seine Hand vor und drückte mit einem lauten *Klack* die Stopp-Taste. Die Melodie wurde abgewürgt.

»Meine erste Frage ist«, begann Billies Vater. »Warum steht mittwochnachts um 2 Uhr 37 ein Junge in unserem Wohnzimmer, den ich nicht kenne?«

Er wirkte nicht annähernd so begeistert, wie Dino es sich vorgestellt hatte. Dino hatte das Gefühl, dass er dringend etwas Hilfreiches sagen musste.

»Keine Sorge«, stotterte er. »Meine Eltern haben keine Ahnung, dass ich hier bin.«

»Willst du's noch mal hören, Papa?«, fragte Billie hoffnungsvoll. »Das haben wir heute aus dem All empfangen!«

»Nein, danke«, knurrte ihr Vater.

Dino zog ihre Entschlüsselungsnotizen hervor und legte sie auf den Tisch.

»Hier. Da sind ganz klar Muster in dem Signal! Wir stehen noch ganz am Anfang mit dem Entschlüsseln, aber das ist eindeutig eine Sprache.«

Billie spielte die Aufzeichnung noch einmal ab.

Billies Vater seufzte. »*Das* ist die schwächste Ausrede für zu spätes Nach-Hause-Kommen, die je ein Kind erfunden hat.«

Enttäuscht wandte Dino sich an seine Freundin und flüsterte: »Ich dachte, dein Vater ist ein echter Wissenschaftler?«

»Ja«, brummte Billies Papa, der offenbar gute Ohren hatte. »Bin ich. Und deswegen sage ich euch: Es gibt keine Außerirdischen!«

»Doch!«, riefen Dino und Billie.

»Nein!«, gab Billies Vater zurück.

»Und warum schicken sie uns dann eine Nachricht?«, fragten Billie und Dino nahezu gleichzeitig.

In diesem Moment klingelte es an der Tür. Zudem begannen draußen zwei Hunde wütend zu bellen. Dino kannte ihr Gebell nur zu gut …

»Mist!«, stöhnte er. »Meine Eltern!«

Billies Vater sah erleichtert aus. »Na, Gott sei Dank!«

Er stand hastig auf und rauschte zur Tür. Dino warf Billie einen gehetzten Blick zu. Er hatte nicht die geringste Lust, schon wieder von seinen Eltern ertappt zu werden!

»Schnell!«, drängte Billie. »Hau hintenrum ab, durch das Klofenster.«

Dino lief in Richtung Bad. Im Flur konnte er schon hören, wie seine Mutter Billies Vater begrüßte: »Was haben Sie mit meinem Sohn gemacht?!«

Er warf die Badezimmertür hinter sich zu, riss das Fenster auf und schwang sich dann in den Garten hinaus. Rasch lief er über den Rasen in Richtung Zaun – und kam keine drei Meter weit, ehe sich ihm Karossa und Karacho bellend entgegenstellten. Dahinter kam schon sein Vater angelaufen.

»Na warte …«, schnaufte er wütend.

Dino blieb stehen. Er wusste aus Erfahrung, dass man den beiden Hunden nicht entkommen konnte. Gehorsam ließ er sich nach vorne zur Haustür führen, wo seine Mutter gerade richtig in Fahrt war: »Sehn wa Ihre Tochter noch mal bei unserm Dino, hetzen wir Karossa und Karacho auf sie, klar?«

Billies Vater nickte überrumpelt. Von Billie war nicht viel zu erkennen, sie hatte sich halb hinter ihrem Vater versteckt. Doch die paar wilden Locken, die hervorschauten, reichten Dinos Mutter als Ziel für eine weitere Schimpf-Attacke: »Duuu, Früchtchen …!«, drohte sie in Billies Richtung.

Als Billies Vater die Haustür schloss, blieb Dino nichts anderes übrig, als zusammen mit seinen Eltern und den Hunden abzuziehen.

Die Standpauke, die auf dem Heimweg folgte, machte ihm nicht viel aus. Seine Mutter war zwar ziemlich laut, aber eigentlich ganz harmlos. Viel schlimmer war, was seine Eltern im Anschluss beschlossen: Dinos Forschungszentrale im Doppeldeckerbus sollte weg! Angeblich brachte sie ihn auf dumme Ideen und außerdem waren dort viel zu viele wertvolle Materialien verbaut. Dino bettelte, flehte und bot sogar an, ab jetzt doppelte Schichten auf dem Schrottplatz zu arbeiten. Vergebens. Seine Eltern blieben unerbittlich.

So musste er am nächsten Tag hilflos mit ansehen, wie die Zentrale in ihre Bestandteile zerlegt wurde. Traurig saß er dabei auf dem Dach eines Wassertanks am Rande des Schrottplatzes. Wenigstens hatte er Gesellschaft: Billie hockte neben ihm und ließ die Beine baumeln. Seinen Eltern gefiel das bestimmt nicht, aber die waren viel zu sehr damit beschäftigt, alles auseinanderzunehmen, was Billie und Dino aufgebaut hatten. »Und? Was Neues von deinem Vater?«, fragte Dino frustriert.

»Nee«, erwiderte Billie. »Ich meine, er glaubt mir sogar, dass unser Signal ein wiederkehrendes Muster enthält.«

»Aber?«

»Er hat ein eigenes Signal mit einem Muster gebastelt, aus Soundaufnahmen von Regentropfen, Ferkeln und Wind auf hoher See. Er meint, dass solche Muster ständig vorkämen und wir uns das alles nur einbilden, weil wir es uns wünschen. *Reziproke Logik-Wunschkopplung* nannte er es und kam sich dabei *sehr* schlau vor.«

»Eltern …« Dino seufzte tief. »Weißt du, was ich früher oft geträumt habe?«

»Hm?«

»Dass meine Eltern gar nicht meine richtigen Eltern sind.«

Er lehnte sich zurück und schaute in den blauen Sommerhimmel hinauf.

»Sondern?«, fragte Billie.

»Na, irgendwelche Menschen eben, die mich irgendwie bekommen haben. Zufällig.«

»Und wo kommst du dann her?«, hakte Billie skeptisch nach. »Aus'm Himmel gefallen?«

Eine Wolke schob sich vor die Sonne und färbte das Licht gräulich ein.

»Na ja ... Ich dachte, irgendwann landet hier ein Raumschiff und holt mich wieder ab.«

»Du hast früher geträumt, du wärst ein Alien?«, fasste Billie zusammen.

Dino nickte. »Manchmal ... immer noch«, gab er zu. »Schlimm?«

Billie schien kurz zu überlegen. Dann schaute sie rüber zum Schrottplatz, wo Dinos Mutter gerade die Kupferspulen von dem Verstärker riss.

»Bei deinen Eltern ...«, sagte sie schließlich.

Und die beiden prusteten los. Es tat so gut, mit jemandem über alles reden zu können!

Schließlich wurde Dino wieder ernst.

»Billie ...«, begann er. »Glaubst du, da oben ist wirklich was? Ganz ehrlich.«

»Hm«, machte Billie nachdenklich. »Als meine Mutter gestorben ist, haben alle gesagt: Deine Mutter ist jetzt oben im Himmel.«

»Aha«, erwiderte Dino unsicher. Er wusste nicht recht, was er dazu sagen sollte.

»Ja«, bestätigte Billie. »Aber ich habe sie da nie gesehen. Damals war ich gerade mal fünf.«

»Okay«, sagte Dino betroffen und Billie redete schnell weiter.

»Ich habe also meinen Vater gefragt, weil der ja Fachmann für Himmelsfragen ist. Er hat mir dann alles erklärt: die Wolken, die Stratosphäre, den Mond, die Planeten, Sonnen, galaktische Nebel, Galaxien – einfach alles. Da wusste ich irgendwann: Meine Mutter ist da nicht.«

Dino musterte Billie. Sie schaute an ihm vorbei in den Himmel.

»Wo dann?«, fragte er schließlich.

»Papa hat gesagt, sie ist in mir.«

»Ja«, erwiderte Dino langsam. »Irgendwie logisch.«

»Ja«, sagte auch Billie und schwieg wieder für einen Moment. »Aber seitdem glaube ich an Aliens!«, fuhr sie lebhafter fort. »Ich mein, schau dir das an: so groß, so weit, so grenzenlos! Und dann guck dich bei uns hier unten mal um. Das kann es ja wohl noch nicht gewesen sein!«

»Auf keinen Fall!«, stimmte Dino ihr zu. Im Hintergrund krachte es, als sein Vater die Überreste ihrer Antennenschüssel auf einen Haufen warf.

Billie griff in ihre Tasche, zog ein Stück Papier hervor und reichte es Dino. Es war ein handgeschriebener Brief.

»Lies mal«, forderte sie ihn auf.

Dino kniff die Augen zusammen. Billies Handschrift war eine echte Herausforderung!

»Liebes ESA-Team«, las er vor. »Mein Name ist Billie,

ich bin elf Jahre alt und Weltraumforscherin. Gemeinsam mit meinem Freund Dino habe ich ein Weltraum-Radioteleskop konstruiert …«

Er schaute sie fragend an. »Du willst der ESA schreiben?«

»Wenn uns wer helfen kann, dann die!«, bestätigte Billie aufgeregt. »Wir können ja auch eine Tonprobe vom Signal mitschicken. Ich meine, das sind Profis! Die haben alles, was man sich für Weltraumforschung nur wünschen kann.«

»Probieren können wir's ja …«, sagte Dino nur halb überzeugt.

Er hatte so seine Zweifel, dass die Erwachsenen bei der ESA ihre Forschungen ernst nehmen würden. Aber wenn sie es vielleicht doch täten – das wäre so endgenial! Er spürte plötzlich, wie neue Hoffnung in ihm aufstieg. Sollten seine Eltern ruhig sein Equipment kaputt machen! Es gab viel stärkere Weltraum-Abhöranlagen auf der Welt. Und vielleicht hatte er schon bald Gelegenheit, damit zu arbeiten.

4

DUNKLE AGENTEN

Unter dem Weltraumbahnhof Kourou der ESA in Französisch-Guayana, Südamerika, befand sich ein kahler, ungemütlicher Kellerraum. Ein Durcheinander von Rohrleitungen verriet, dass er einmal als Heizungskeller gedient hatte. Doch nun war der Raum vollgestopft mit Hightech: Große Bildschirme zeigten komplizierte Diagramme an. Sie waren gekoppelt an eine Weltraum-Abhöranlage mit dem neuesten Sound-Mischsystem. An den Wänden hingen Weltraumkarten mit handschriftlichen Notizen. Auf einer von ihnen war ein Dreieck mit rotem Filzstift markiert. Mathematische Formeln bedeckten eng beschrieben ein Whiteboard und auf einer Werkbank lagen Platinen und andere Computerbauteile verstreut.

Inmitten dieses Technik-Chaos stand die Weltraumforscherin Dr. Margot Boshley, eine schlanke Frau mit roten Haaren und strengem Blick. Gerade war sie dabei, eine neue Raumsonde zu präsentieren: ein kleines, rundes Metallobjekt, aus dem zahllose Mess-Antennen wie die Stacheln eines Igels ragten.

»... keine 12 Kilo wiegt diese Wundersonde«, erklärte sie, »es sind lediglich 11,83 Kilogramm, um genau zu sein. Und nur für den Fall, dass Sie sich fragen, warum sie so winzig ist ...«

Dr. Boshley unterbrach sich kurz, um ihre Zuhörer zu mustern. Es waren zwei Männer in dunklen Anzügen, die allerdings nicht besonders interessiert wirkten. Sie sahen aus wie ein perfektes Duo aus einem Spionagefilm: unauffällig – und aalglatt. Eigentlich unterschieden sie sich nur dadurch, dass einer von ihnen etwas älter war und bereits graue Haare an den Schläfen hatte. Sie hatten sich Dr. Boshley als Agent Grey und Agent Silver vorgestellt – wenn man das überhaupt »vorstellen« nennen konnte, bei den offensichtlich falschen Namen.

Agent Grey verfolgte Boshleys Vortrag mit ausdruckslosem Gesicht, die Lippen zu einem geraden Strich zusammengepresst. Agent Silver wühlte unterdessen gelangweilt in den Papieren auf ihrem Schreibtisch herum und las schamlos Briefe, die ihn nichts angingen. Die beiden waren die schlimmsten Zuhörer, die Boshley seit Langem gehabt hatte.

»Je winziger, desto schwerer zu treffen«, fuhr sie mit ihren Erklärungen fort. Dann zeigte sie auf das rot markierte Dreieck auf der Weltraumkarte. »Wenn wir mein kleines Meisterwerk in das Bermuda-Dreieck navigieren, muss es Massen von Weltraumschrott ausweichen und einen Geschwindigkeitsdruck aushalten, der um ein Vielfaches …«

Agent Silver kam um den Schreibtisch herum und unterbrach sie schroff: »Das Einzige, was uns interessiert: Findet ihr kleines Meisterwerk das, was wir haben wollen?«

Boshley schnaubte ungehalten. »Kennen Sie eine Wissenschaftlerin, die Ihnen eine bessere Sonde bauen könnte?«

Nun stand auch Agent Grey von seinem Stuhl auf. Er

trat so dicht an Boshley heran, dass sie unwillkürlich einen Schritt zurückwich.

»Kennen *Sie* die dunkle Seite des Mondes?«, fragte er mit gefährlich leiser Stimme.

Boshley runzelte verständnislos die Stirn.

»Ein beliebter Ort für Wissenschaftlerinnen, die versagen«, erklärte Agent Grey und zog die Augenbrauen vielsagend hoch.

Boshley schluckte trocken. Grey wandte sich inzwischen der Sonde zu und streckte die Hand danach aus. Das Gerät zog sofort alle Antennen ein wie eine Schnecke ihre Fühler. Fast sah es so aus, als würde sich sogar die Sonde vor dem Agenten fürchten.

Betont selbstbewusst schüttelte Boshley den Kopf und verstaute ihre Erfindung in einer Kiste aus Aluminium.

»Meine Sonde wird *nicht* versagen«, erklärte sie fest, aber ihre Stimme klang dünner, als es ihr lieb war.

»Sehr gut – für *Sie*«, erwiderte Agent Silver.

Mit dieser Drohung war das Gespräch beendet. Dr. Boshley führte die beiden Agenten aus dem geheimen Forschungsraum und brachte sie bis auf den Gang. Dort kam gerade ihre Assistentin Carlitta um die Ecke, eine kleine Frau mit einer großen Brille und dunklen Haaren. Die beiden Agenten schoben sich grußlos an ihr vorbei. Carlitta schaute ihnen verwundert hinterher, bevor sie sich an Dr. Boshley wandte.

»Tschuldigung, Margot, aber wir müssen jetzt dringend die Einladungsliste durchgehen. Ich habe hier eine Anfrage von …«

Boshley schüttelte den Kopf. »Die Presse sparen wir uns. Keine Öffentlichkeit diesmal.«

Überrascht schob sich Carlitta die breite Brille zurecht. »*Keine* Öffentlichkeit? Bei so einem wichtigen Raketenstart?«

Unwirsch zuckte Boshley mit den Schultern. »Das ist doch nur Grundlagenforschung, ein unbesetzter Flug, ohne Crew. So etwas interessiert nie-man-den.«

Doch Carlitta war nicht so leicht zu überzeugen. »Es ist immer noch ein Raketenstart!«, sagte sie. »Wenn wir da die Presse aussparen, sieht es aus, als hätten wir was zu verbergen.« Abrupt drehte sie sich um und schaute misstrauisch in die Richtung, in die Agent Grey und Agent Silver verschwunden waren.

»*Haben* wir etwas zu verbergen?«

»Was?« Boshley zuckte ertappt zusammen. »Nein, natürlich nicht.«

»Alsoo …?«, bohrte Carlitta nach.

»Dann meinetwegen *mit* Presse«, brummte Boshley.

Ihre Assistentin wirkte zufrieden. »Wunderbar. Ich habe übrigens noch jemanden eingeladen, aus Deutschland. Zwei …«

Den Rest hörte Boshley schon gar nicht mehr. Sie hatte die Tür hinter sich zugeschlagen und war bereits wieder auf dem Weg in ihren geheimen Forschungsraum. Es gab an der Sonde noch so viel vorzubereiten! Die Sache musste einfach funktionieren. Sonst hatte sie ein galaktisch großes Problem.

5

AUF ZUM WELTRAUMBAHNHOF!

Der Einladungsbrief von der ESA sah hochoffiziell aus, mit einem tiefblauen Logo in der Ecke und einem Haufen Hochglanz-Flyern über die neueste Weltraumforschung im Umschlag. Billie hatte es kaum erwarten können, ihn endlich ihrem Vater zu zeigen. Schließlich war er ein waschechter Astrophysiker und würde ganz bestimmt begeistert sein! Leider ging in der Wirklichkeit alles nicht ganz so glatt.

»Nein! Njet! Non!«

Papa konnte sehr deutlich werden, wenn er wollte. Er saß im Wohnzimmer und starrte ungläubig den Brief an, den Billie ihm unter die Nase hielt.

»Warum nicht?«, erwiderte Billie verständnislos und bemühte sich vergeblich, nicht zu trotzig zu klingen. Wenn ihr Papa sich schon querstellte – welche Schwierigkeiten würde dann erst Dino haben, seine Eltern zu überreden, dass er mitdurfte?

»Weil das am anderen Ende der Welt ist?!«, erwiderte ihr Vater. »Sie laden euch zum Weltraumbahnhof Kourou ein. Das liegt in Französisch-Guayana! Südamerika, Billie!«

»Na und?«, erwiderte Billie.

»Das ist irre teuer!«, unterbrach sie ihr Vater. »Und nächste Woche fängt die Schule an. *Gymnasium*, Billie!«

Sie verdrehte die Augen. »Dieser Trip ist ja wohl 'ne pädagogisch wertvolle Forschungsreise!«

»Außerdem habe ich deiner Mutter versprochen …«, setzte ihr Vater an. Doch diesmal ließ Billie *ihn* nicht ausreden. Schließlich war es gemein, Mama als Argument zu bringen!

»Du hast Angst«, stellte sie fest. Gemein sein konnte sie auch!

»Wovor sollte ich denn Angst haben, Schatz?«, fragte ihr Vater abwehrend.

»Na, du hast da mal gearbeitet, als Astrophysiker am Weltraumbahnhof«, erklärte Billie. »Zusammen mit Mama.«

»Das ist sieben Jahre her!«, erwiderte Papa.

»Und du kennst da sicher noch viele …«, zählte Billie weiter auf.

»Kaum mehr einen, Billie …«, murmelte er.

Sie blickte auf das Foto, das ihre Mutter im Raumanzug zeigte. Leise begann sie zu singen: »Zu den Sternen will ich fliegen …«

»Das ist Mamas Lied!«, unterbrach Papa sie.

Also sang sie mit einer ausgedachten Strophe weiter: »*Hier riecht's jetzt wie Kohl mit Soße, Papa macht sich in die …*«

»Ich habe keine Angst!«, rief ihr Vater ärgerlich dazwischen.

Billie hörte auf zu singen. »Und deswegen bist du Physiklehrer geworden, wie Opa? Und nicht etwa Astronautin, wie Mama?«

Ihr Vater hob mahnend einen Zeigefinger und öffnete den Mund zu einer strengen Erwiderung. Dann schloss er ihn wieder. Offenbar fielen ihm keine Argumente mehr ein.

Seufzend streckte er die Hand aus und Billie überreichte ihm mit einem triumphierenden Grinsen den Einladungsbrief.

»Das hast du von deiner Mutter …«, brummte er. Entschuldigend schaute er zu Mamas Foto auf. »Sorry, Liebling. Aber is' so.«

Nur zwei Tage später hetzten Billie und ihr Vater durch den Flughafen. Die Maschine nach Französisch-Guayana war schon startbereit, doch die Sicherheitskontrollen hatten länger gedauert. Gerade noch rechtzeitig kamen sie zum Boarding an das Gate, wo Dino bereits ungeduldig auf sie wartete.

»Sorry«, keuchte Billie.

»Wo sind deine Eltern?«, fragte Papa sofort misstrauisch.

»Flugangst«, erwiderte Dino unschuldig. »Hier steht alles drin.« Er überreichte Billies Vater einen Brief. Dieser überflog die Zeilen mit gerunzelter Stirn. Da trat auch schon eine Stewardess in dunkelblauer Uniform an ihn heran.

»Sie sind die erwachsene Begleitperson?«, fragte sie.

Überfordert schaute Billies Vater zwischen der Stewardess und den beiden Kindern hin und her. Billie und Dino nickten aufmunternd.

»Wir müssen jetzt gleich losfliegen«, drängte die Stewardess.

Billies Vater seufzte. »Kann ich deine Eltern mal sprechen, Dino?«

»Klar.« Dino wählte eine Nummer und überreichte Billies Vater das Handy. Mit dem Gerät am Ohr ging er ein paar Schritte zur Seite.

Billie warf Dino einen ungläubigen Blick zu.

»Haben sie es etwa doch noch erlaubt?«, flüsterte sie.

»Nee, natürlich nicht.«

»Aber dann fliegt doch gleich alles auf!«

Dino schüttelte den Kopf. »Keine Panik. Da geht nicht meine Mutter ran.«

»Sondern?«

»Die Freundin von meinem Cousin. Hab ihr 50 Euro gegeben«, erwiderte Dino mit einem schelmischen Grinsen.

Billies Vater kam wieder heran und gab Dino das Handy zurück.

»Es geht alles in Ordnung. War diesmal richtig nett, deine Mutter.«

»Ist sie doch immer«, flötete Dino.

Die drei betraten das Flugzeug und suchten sich ihre Plätze.

Die nächsten Stunden vergingen für Billie wie ein seltsamer Traum. Sie saß im Flieger neben Dino, und während sie den Atlantischen Ozean überquerten, arbeiteten die beiden weiter daran, ihr geheimnisvolles Signal zu entschlüsseln. Diese kosmische Melodie war eindeutig eine Sprache – und sie würden sie schon bald verstehen!

»Das wird euch sowieso niemand glauben«, kommentierte Papa kopfschüttelnd ihre Bemühungen. »Nur damit ihr vorgewarnt seid.« Sie achteten gar nicht auf ihn.

Schließlich landeten sie auf dem Flugplatz von Cayenne, der Hauptstadt von Französisch-Guayana – nun ging der seltsame Traum erst richtig los!

Sie durchquerten das Flughafengebäude, wo alle Leute Französisch sprachen, und Billies Vater organisierte ein großes Taxi. »Der Weltraumbahnhof Kourou liegt rund 60 Kilometer von Cayenne entfernt«, erklärte er und hievte das Gepäck in den Kofferraum. Als alles verstaut war, fuhren sie los: erst durch die Straßen der Stadt, vorbei an Ständen mit Tropenfrüchten und Kokosnüssen, dann über eine Landstraße, die sich an Dörfern, Feldern und Wäldern entlangzog.

Schließlich ragten in der Ferne vor ihnen seltsame Türme und Masten auf. Dazwischen schimmerte ein schlanker, weißer Umriss verheißungsvoll im Sonnenlicht. Eine `Ariane-Rakete`, die allerneuste Baureihe!

»Das sind die Blitzableiter«, sagte Papa, dessen Stimme sich etwas mulmig anhörte.

»Wie?«, fragte Dino verwundert.

»Die vier hohen Metalltürme drum herum«, erklärte er. »Sie beschützen die Startrampe vor Blitzeinschlägen.«

Startrampe! Das Wort klang einfach nur wunderbar. Sie würden gleich an einem echten Weltraumbahnhof sein – und nicht nur das; sie würden sogar hautnah einen Raketenstart erleben!

Endlich hielt das Taxi vor einem hohen Gebäude mit

Flachdach und glänzenden Fensterfronten, das selbst ein bisschen wie ein Raumschiff aussah.

»Willkommen im Raumfahrtzentrum Guayana«, sagte Papa beim Aussteigen und musterte das Gebäude mit zusammengekniffenen Augen. Er begann ihr Gepäck auszuladen.

»Heute gehen wir es erst mal ganz ruhig an«, erklärte er nebenher. »Und morgen zeige ich euch dann mal, wo ich mein Büro hatte. Und wo Billies Mama …«

Den Rest hörten Billie und Dino schon gar nicht mehr. Es *ruhig* angehen lassen – an einem Weltraumbahnhof!? Während Billies Vater noch das Gepäck ordnete, rannten die Kinder bereits in das Gebäude, um sich umzuschauen.

In der Eingangshalle kam ihnen eine Frau mit einer großen Brille entgegen, die ein Klemmbrett voller Notizen mit sich herumtrug.

»Ah, ihr müsst Annabell und Dino sein«, sagte sie hektisch. »Mein Name ist Carlitta. Ich habe euch die Einladung geschickt. Junge Weltraumforscher und -forscherinnen muss man fördern, finde ich! Kommt schnell mit. Die Pressekonferenz zum Raketenstart hat schon angefangen. Dr. Boshley, die Leiterin der Mission, erklärt gerade die Details. Hier sind eure Gäste-Ausweise.«

Carlitta hängte ihnen Plastikkarten an Stoffbändern um den Hals. Billie und Dino mussten grinsen; die Teile sahen irre wichtig aus.

»Wir haben unterwegs noch weiter an der Entschlüsselung des Signals gearbeitet«, sagte Billie. »Wir hoffen, dass wir die Alien-Sprache bald ganz verstehen können.«

»Gut, gut …«, murmelte Carlitta im Gehen und raschelte mit den Blättern auf ihrem Klemmbrett. Billie hatte nicht den Eindruck, dass sie ihnen überhaupt zugehört hatte.

Schließlich führte Carlitta sie in eine Halle mit einer Bühne. Im Zuschauerraum saßen rund zwanzig Frauen und Männer, die ebenfalls Gäste-Ausweise um den Hals trugen. Einige von ihnen schauten aufmerksam nach vorne, aber die meisten tippten nebenbei auf ihren Handys herum. Das mussten die Presseleute sein, die vom Start berichten sollten.

Auf der Bühne stand eine Frau mit roten Haaren und stechendem Blick – offenbar Dr. Boshley. Sie war gerade dabei, eine Raumkapsel vorzustellen, deren Konstruktionsplan hinter ihr auf einer Leinwand zu sehen war.

»… unsere Weiterentwicklung des ursprünglich unbesetzten Transportmoduls ATV wird in der Lage sein, Personen zur internationalen Raumstation ISS oder für andere Missionen ins Weltall zu bringen. Sie verfügt sogar über ein eigenes Cockpit zur manuellen Steuerung.«

Ein Journalist hob die Hand. »Und wird heute schon jemand damit starten?«

Boshley schüttelte den Kopf. »Dies wird ein Probeflug ohne Besatzung, der zudem dazu dient, Sonden für Messungen auszusetzen. Das Modul wird jedoch genau so eingerichtet sein wie bei einem Flug mit Crew.«

Die Journalisten wirkten immer noch gelangweilt und vertieften sich weiter in ihre Handys.

»Damit sind wir auch schon fertig«, beendete Dr. Boshley ihren Vortrag. »Noch Fragen?«

Keiner von den Presseleuten meldete sich. Billie und Dino aber schauten sich an. Das war *die* Gelegenheit! Ohne nachzudenken, rissen sie die Arme hoch.

»Dann war's das erst mal«, murmelte Dr. Boshley geistesabwesend, »und wir …«

»Hallooo! Hier!«, riefen die beiden mit wedelnden Armen.

Boshley blinzelte sie erstaunt an, als würde sie zum ersten Mal in ihrem Leben Kinder sehen. »Ja, bitte?«

Billie räusperte sich und sprach nervös in ein Mikro, das man ihr vor die Nase hielt: »Bonjour erst mal. Wir sind Billie und Dino aus Castrop-Rauxel. Germany. Also … Danke für die Einladung. Und ähm …«

»Haben Sie unsere Nachricht bekommen?«, fiel Dino ihr aufgeregt ins Wort.

»Ähm … Welche Nachricht genau?«, erwiderte Dr. Boshley überrumpelt.

»Na, die von den Aliens!«, rief Dino.

Alle Journalistinnen und Journalisten blickten schlagartig von ihren Handys auf und starrten die Kinder an.

Dr. Boshley hingegen sah aus, als habe sie sich an ihrem Kaffee verschluckt. Sie musste kurz den Kopf schütteln, um sich zu sammeln.

Billie nutzte die Gelegenheit und zog ihr Handy hervor. Sie hielt es dicht ans Mikro und spielte die Aufnahme ab. Daraufhin erfüllte das Weltraumrauschen die gesamte Halle, unterlegt von dem geheimnisvollen Gesang.

Dr. Boshley klappte der Unterkiefer herunter. Sie warf Carlitta, die am Rand der Bühne stand, einen scharfen Blick zu. Diese zuckte nur mit den Schultern.

Schließlich schaltete Billie die Aufnahme ab. »Und?«, fragte sie gespannt. »Was sagen Sie?«

»Ja, Dr. Boshley!«, hakte ein Reporter mit Schnauzbart nach. »Glauben Sie an Aliens?«

Boshley atmete tief durch. »Nun, ich sag mal: Als ich so jung war wie ihr …« Sie schaute scharf zu Billie und Dino. »… na, vielleicht noch ein bisschen jünger. Da hab ich an Aliens geglaubt … Und an den Weihnachtsmann.«

Gekicher kam im Saal auf.

»Dann, als ich älter wurde, habe ich gemerkt: Der Weihnachtsmann kommt jedes Jahr. Wenn ich brav bin. Aber Aliens? Habe ich noch nie gesehen.«

Die Presseleute schmunzelten und Boshley sah sehr zufrieden mit sich aus.

»Wir auch nicht«, rief Billie empört.

»Aber gehört!«, ergänzte Dino.

»Das müssten Sie ja eigentlich auch wissen«, erklärte Billie, »dass die Distanzen im All so groß sind, dass die Chance auf eine Begegnung mit außerirdischen Intelligenzen 10-hoch-18-mal so gering ist wie ein akustischer Kontakt.«

»Deswegen haben wir uns auch auf den Empfang von Tonnachrichten konzentriert«, erklärte Dino.

»Und wir haben gehofft, dass Sie uns helfen könnten, die Nachricht komplett zu entschlüsseln«, kam Billie nun zum Punkt.

»Wir würden denen dann auch gerne antworten«, sagte Dino. »Aber unser Funkgerät ist leider ... kaputtgegangen.« Er verzog das Gesicht.

Die Presseleute sahen mittlerweile alles andere als gelangweilt aus! Unter Blitzlichtgewitter waren alle Blicke auf Dr. Boshley gerichtet.

»Solche Nachrichten haben wir auch schon bekommen«, erklärte sie. »Öfters. Ich kenne mich damit aus. Ein bisschen. Zeigt mal her.«

Auffordernd streckte sie die Hand aus. Dino und Billie gingen nach vorne und übergaben ihr das Handy. Sofort begann sie, das Signal erneut abzuspielen. Billie und Dino hielten den Atem an. Gleich würden sie mehr über die Nachricht aus dem All wissen!

6

GEHEIMNISSE

Dino trat aufgeregt von einem Bein aufs andere. Jetzt war es endlich so weit!

Dr. Boshley unterbrach die Aufnahme. Dann begann sie zu übersetzen: »Wer … dies … hört …«

Sie spielte etwas mehr ab und stoppte wieder.

»… wird … im höchsten Maß …«

Etwas mehr vom Signal, dann wieder Stopp. »… vergackeiert!«

Für einen Moment sagte niemand etwas. Dann begann ein Journalist zu kichern. Keine fünf Sekunden später lachte der ganze Saal.

Dino hatte das Gefühl, dass er plötzlich immer kleiner wurde. Sein Kopf war knallrot, wie ein Superstern von der Klasse der `Roten Riesen`. Neben ihm ballte Billie ihre Hände zu Fäusten. Diese angebliche Wissenschaftlerin hatte sie eiskalt bloßgestellt!

»Tut mir leid«, sagte Boshley, als sich das allgemeine Gekicher wieder gelegt hatte. »Von diesen Aufnahmen haben wir Tausende im Archiv. Die sind nicht echt. Vermutlich hat ein Nachbarkind, das noch ein bisschen schlauer ist als ihr zwei Süßen, euch einen Streich gespielt. Kommt vor.«

Sie gab Billie das Handy zurück und damit war die Pressekonferenz vorbei. Es blitzte ein paarmal, als einige Reporter Fotos von Billie und Dino schossen. Na toll, jetzt wurde dieser peinliche Auftritt auch noch bildlich festgehalten und in die Weltpresse gebracht …

Mit hängenden Schultern schlichen die beiden Kinder aus dem Saal. Dino hatte geglaubt, dass der absolute Tiefpunkt seiner Karriere als Weltraumforscher erreicht war, als seine Eltern seine Zentrale verschrottet hatten. Aber das hier war noch viel, viel schlimmer!

Auf dem Gang wurden die beiden von einer weiteren Mitarbeiterin abgefangen. Sie wurden vor einen Aufsteller mit dem Logo der ESA geschoben und bekamen das Modell einer Ariane-Rakete in die Hand gedrückt – eine alte Baureihe, wie Dino kritisch bemerkte. Es wurden weitere Fotos geschossen, dann nahm man ihnen das Modell wieder weg und spendierte ihnen stattdessen zwei Limos. Während die Mitarbeiterin zu irgendeinem wichtigen Termin davoneilte, ließen sich Billie und Dino erschöpft auf eine Treppe sinken.

»Papa musste mal wieder recht haben«, murmelte Billie bitter. »Keiner glaubt uns.«

»Schlimmer«, knurrte Dino. »Sie fanden uns *süß* und wir müssen für ihre blöden Pressefotos herhalten.«

Entmutigt hockten die beiden auf der Treppe und ließen das Treiben im Kontrollzentrum an sich vorüberziehen. Überall liefen hektisch aussehende Leute herum, die dabei waren, den Raketenstart vorzubereiten. Auf einem großen Bildschirm war zu sehen, wie die Rakete auf der Startrampe bereit gemacht wurde. Beim Bildschirm stand Billies Vater mit einigen Leuten zusammen. Er hatte offenbar ein paar Wissenschaftler von früher getroffen und fachsimpelte nun angeregt mit ihnen. Selbst er schien Billie und Dino vergessen zu haben.

Dino trank von der Limo – und verzog das Gesicht. Das Zeug war so sauer, wie er sich fühlte!

»Niemand beachtet uns«, stellte Billie fest.

Plötzlich hellte sich Dinos Gesicht auf. »Vielleicht ist das unsere Chance!«, sagte er.

Sie schaute ihn von der Seite an. »Du meinst …?«

»Wer nicht beachtet wird, kann sich in Ruhe umschauen!«, erklärte Dino, dem es schon wieder besser ging. »Diese Dr. Boshley hat so komisch reagiert, als wir die Aliens erwähnt haben. Die hat doch was zu verbergen!«

»Du hast recht.« Auch Billie wirkte nun wieder munterer. »Komm, lass uns weiter nachforschen!«

Sie liefen zu einem Mann, der an einem Tischchen bei der Limo-Bar stand und auf den Bildschirm seines Laptops starrte.

»Sorry«, sprach Billie ihn an. »Ihre Chefin, Dr. Boshley, hat gesagt, sie hätten Tausende Nachrichten von Aliens bekommen.«

»Wo finden wir die?«, ergänzte Dino so beiläufig, als sei das die selbstverständlichste Sache der Welt.

»Puh …«, machte der Mann überrumpelt. Dann wandte er sich an einen Kollegen an der Bar. »Hey, Jürgen – weißt du, ob es die Abteilung für außerirdische Intelligenz noch gibt?«

»Nee!«, rief dieser zurück. »Hat Boshley dichtgemacht. Vor Jahren schon.«

»Ist aber bestimmt alles archiviert«, überlegte der erste Mitarbeiter.

»Und wo?«, bohrte Dino nach.

»Boshleys Büro?«, murmelte der Mann, der schon wieder ganz auf seinen Rechner konzentriert war. »Die schmeißt nichts weg …«

Billie und Dino hatten keine Zeit zu verlieren. Sofort liefen sie los, um das Büro der Chefin zu finden! Sie hetzten kreuz und quer durch die langen, verwinkelten Korridore des Gebäudes. Einmal kamen ihnen zwei Security-Leute in Uniformen entgegen, aber als die Kinder ihnen ihre Ausweiskarten vorzeigten, ließen die Männer sie passieren.

»Is' schon cool, so 'n Ding«, meinte Dino, der sich vorkam wie in einem Agentenfilm.

»Aber wo lang?«, fragte Billie ratlos und warf einen Blick auf den Gebäudeplan mit den Rettungswegen an der Wand. Der Plan sah komplizierter aus als jede Sternkarte. Alle Räume waren mit Nummern beschriftet und nirgendwo stand BOSHLEYS BÜRO.

Da hörten sie plötzlich eine Stimme hinter der nächsten Ecke: »… natürlich läuft die Mission nach Plan! Ich weiß gar nicht, warum Sie mich so nerven müssen.«

Das war Dr. Boshley! Und sie klang noch schlechter gelaunt als vorhin.

Dino und Billie sprangen rasch hinter einen großen Kopierer, der an der Wand stand, und duckten sich. Da kam Boshley auch schon den Gang heruntergerauscht. Neben ihr gingen zwei Männer in dunklen Anzügen.

»Die Pressekonferenz verlief ganz und gar nicht nach Plan«, knurrte einer von ihnen mit einer Stimme, die so freundlich klang wie Karacho, wenn er einen Einbrecher gestellt hatte.

»Dieses gewisse Thema hätte nie aufkommen dürfen!«, ergänzte sein Kollege grimmig.

Boshley machte eine wegwerfende Handbewegung. »Pfff, das waren doch nur Kinder. Die erzählen viel Mist. Niemanden interessiert, was Kinder sagen.«

»Außer, wenn sie über Aliens reden«, widersprach der erste Anzug-Typ.

Die drei kamen immer näher heran. Den Kindern klopfte das Herz bis zum Hals. Gleich musste Boshley sie entdecken! Doch die Erwachsenen gingen an dem Kopierer vorbei, ohne nach links und rechts zu schauen.

»Warum habe ich eigentlich ständig das Gefühl, dass Sie mir nicht vertrauen?«, beschwerte sich Boshley.

»Gegenfrage«, erwiderte der zweite Anzug-Typ. »Wenn Sie die größte Entdeckung, die die Menschheit jemals gemacht hat, allein für sich besitzen könnten – wem würden Sie da vertrauen?«

»Da muss ich jetzt erst mal drüber nachdenken …«

»Wir nicht«, sagte Anzug-Typ Nummer eins kalt.

»Ist die Zuladung beauftragt?«, fragte sein Kollege. »Wäre ungünstig, wenn die Raumkapsel ohne eine gewisse Sonde ins All startet.«

»Halle B, Tor 3«, entgegnete Boshley. »In zehn Minuten.«

Die beiden Typen verschwanden grußlos um die Ecke.

Die Wissenschaftlerin aber blieb vor einer der Türen im Gang stehen, huschte hinein und zog sie hinter sich zu.

Billie und Dino schauten sich an. Boshley hatte ihnen höchstpersönlich den Weg zu ihrem Büro gewiesen! Sie kamen hinter dem Kopierer hervor und näherten sich leise der Tür. Dino behielt den Gang im Auge, während Billie vorsichtig ihr Ohr an das Holz legte.

Es klackte leise und die Tür schwang von selber eine Handbreit auf. Offenbar war sie nicht richtig eingerastet! Dino und Billie zuckten zusammen und horchten – bereit, wegzulaufen, wenn gleich eine wütende Dr. Boshley ihren Kopf in den Gang streckte. Doch nichts rührte sich. Im Büro blieb es vollkommen still.

Neugierig trat Dino einen Schritt vor und spähte durch den Türspalt. Auf den ersten Blick war drinnen niemand zu sehen. Er klopfte leise.

»Hallo? Frau Doktor?«

Wieder keine Reaktion. Vorsichtig drückte er die Tür weiter auf. Dahinter lag ein kleiner Raum, dessen Wände mit dunklem Holz getäfelt waren. Lange Reihen von Aktenordnern standen in Regalen aufgereiht, dazwischen vereinzelte Modelle von Raketen. In der Mitte des Raumes befand sich ein tipptopp aufgeräumter Schreibtisch, ansonsten war das Zimmer leer. Da war ja selbst das Sekretariat an Dinos Schule spannender!

Seltsam war nur, dass sich in dem Raum niemand aufhielt. Von Dr. Boshley war nicht das Geringste zu sehen!

»Hä?«, machte Billie verwirrt. »Die ist doch gerade hier reingegangen, oder?«

Dino schaute zur Sicherheit draußen auf das Namensschild. »Dr. Margot Boshley« stand darauf. Sie hatten sich jedenfalls nicht in der Tür geirrt.

»Vielleicht 'n zweiter Ausgang oder so«, meinte Dino, der sich das nicht anders erklären konnte. Die beiden huschten in das Büro, um sich die Sache näher anzusehen.

Doch hier gab es keine weitere Tür – lediglich ein Fenster, das nach draußen zur Startrampe schaute. Aber da konnte Boshley ja schlecht rausgeklettert sein ...? Dino sah zur Sicherheit sogar unter dem Schreibtisch nach, aber auch dort hockte niemand.

»Komisch, oder?«, meinte Billie.

»Egal«, brummte Dino, der sich diese Gelegenheit auf keinen Fall entgehen lassen wollte. »Guck, ob du irgendetwas findest, was auf Aliens hinweist!«

Billie begann, die Beschriftungen der Aktenordner in den Regalen zu lesen, während Dino sich den Schreibtisch vornahm. Der war so sauber, dass sich noch nicht einmal ein Staubkörnchen darauf verirrt hatte. Das einzig Auffällige war ein gerahmtes Foto, das an der Schreibtischlampe lehnte. Es zeigte eine junge Frau in einem schwarzen Talar mit Doktorhut, die grinsend eine Urkunde in die Kamera hielt. Dino brauchte einen Moment, um Boshley zu erkennen. Damals hatte sie fast nett ausgesehen ...

Plötzlich war ein seltsam rumpelndes Geräusch zu hören. Ein Teil der Wand klappte langsam auf. Das war gar keine Wand, sondern eine Tür, die hinter der dunklen Holzvertäfelung verborgen war – keine drei Schritte von Billie entfernt!

»Schnell!«, zischte Dino ihr zu. »Hier rüber!«

Sie sprang zum Schreibtisch, und beide Kinder verkrochen sich darunter, so gut es ging. Inzwischen hatte sich die Geheimtür ganz geöffnet. Dr. Boshley kam heraus. Sie schob einen Handwagen mit einer Aluminium-Kiste vor sich her.

Billie und Dino duckten sich tiefer unter den Schreibtisch, sodass sie nur noch Boshleys Beine sehen konnten.

Plötzlich blieb die Wissenschaftlerin stehen. Dann schob sich ihre Hand unter den Schreibtisch! Dinos Herz setzte einen Schlag aus. Jetzt waren sie dran!

Boshleys Hand kam immer näher, schon berührte sie fast Billies Locken. Doch sie griff nicht nach den Kindern. Stattdessen steckte sie eine Chipkarte aus Plastik in eine Halterung, die unter der Schreibtischplatte angebracht war.

Dann wandte sich Boshley wieder ab. Sie schob den Wagen mit der Kiste aus ihrem Büro auf den Gang hinaus. Die Tür schlug hinter ihr zu und im Raum wurde es wieder still.

Dino und Billie atmeten auf. Rasch griff Dino nach oben und schnappte sich die Chipkarte. Sie kamen unter dem Schreibtisch hervor und schauten sich suchend um. Der Durchgang, aus dem Boshley aufgetaucht war, hatte sich inzwischen wieder geschlossen. Aber es musste hier irgendwo eine Möglichkeit geben, diese Geheimtür zu öffnen!

»Billie«, flüsterte Dino aufgeregt. »Was, wenn die hier Aliens verstecken? So wie die Amis angeblich!«

Seine Freundin war ganz darauf konzentriert, systematisch die Wände abzusuchen. »Es gibt hier nirgendwo ein Check-Dingens für diese Chipkarte! Kann doch gar nicht sein.«

Dann fiel es Dino auf. An der Wand hing plötzlich das Foto, das die junge Boshley mit Doktorhut zeigte!

»Da!«, verkündete er aufgeregt. »Das Bild stand eben noch auf dem Schreibtisch.«

»Was?«, machte Billie verwirrt.

»Das Bild da – Boshley in diesem Halloween-Kostüm!«

Billie ging rüber zur Wand und nahm das Bild ab. Die Holzvertäfelung dahinter sah unauffällig aus, doch es war ein helles Rechteck zu erkennen, so groß wie das Foto. Billie hielt die Chipkarte dagegen. Sogleich gab es ein rumpelndes Geräusch. Langsam öffnete sich die Geheimtür!

Keine zehn Sekunden später standen Dino und Billie vor einem dunklen Durchgang. Treppenstufen führten in die Tiefe.

»Ich hätte nicht gedacht, dass der Weg bei der Weltraumforschung *nach unten* geht«, murmelte Billie. Dann folgten die beiden Kinder der Treppe ins Unbekannte.

7

EIN STEIN?

»Wooow!«, machten Billie und Dino gleichzeitig. Es klang fast so ungläubig wie damals, als sie zum ersten Mal das Signal aus dem All empfangen hatten.

Diesmal galt die Begeisterung dem Raum, der am Ende der geheimen Treppe vor ihnen lag. Es war ein waschechtes Weltraumforschungszentrum mit riesigen Bildschirmen, Empfangsgeräten und Weltraumkarten an den Wänden. Auf einer der Karten war mit rotem Filzstift ein Dreieck eingetragen, davor stand eine Werkbank voller hochwertiger Computerbauteile.

Billie aber erkannte sofort das Kernstück des Raumes: eine megamoderne Weltraum-Abhöranlage mit funkelndem Gehäuse und einem Sound-Mischsystem, das technisch ungefähr eine Million Lichtjahre weiter war als ihr Gerät in der Bus-Zentrale!

Staunend schauten die beiden Kinder sich in dem Geheimraum um. Dino ging neugierig zum Schreibtisch und blieb abrupt am Papierkorb stehen. Mit hochgezogenen Augenbrauen zog er einen Gegenstand aus dem Müll hervor: der Rekorder mit ihrer Aufzeichnung des Signals, den sie der ESA als Tonprobe geschickt hatten!

»Im Ernst?«, brummte Dino säuerlich.

Billie hatte inzwischen die Abhöranlage angestellt, woraufhin ein tiefes Weltraumrauschen den Raum erfüllte, unterlegt von mächtigen Bässen.

»Die brauchen unsere Aufnahme gar nicht …«, flüsterte sie. Denn in dem Rauschen war deutlich der rhythmische Sprechgesang auszumachen, den die beiden nur zu gut kannten. Das Alien-Signal! Doch so klar und rein hatten sie es noch nie zuvor gehört. So war ganz eindeutig zu erkennen, dass irgendein System dahinterstecken musste, eine Botschaft … eine Sprache. Dr. Boshley hatte die ganze Zeit von der Alien-Sache gewusst – und sie trotzdem eiskalt lächerlich gemacht!

Billies Blick fiel auf eine Kladde mit Notizen, die aufgeschlagen neben dem Mischpult lag. Sie hob den Block auf und blätterte darin herum.

»Was hast du da?« Dino schaute ihr neugierig über die Schulter.

»Notizen … für einen Dechiffrierungsschlüssel. Glaube ich.«

Boshley schien bei der Entschlüsselung des Signals schon ziemlich weit gekommen zu sein. Dino nahm das Buch entgegen.

»Ganz schönes Geschmiere«, kommentierte er. Dann klappte er das Büchlein zu und verstaute es unter seinem T-Shirt im Hosenbund.

Billie bekam es kaum mit. Sie hatte etwas anderes entdeckt! In einem Regal stand ein Foto. Darauf war eine jüngere Boshley zu sehen – neben ihr lächelte eine Frau mit tiefschwarzen Locken in die Kamera. Das war Mama! Billie spürte, wie ihr Tränen in die Augen traten, als sie das strahlende Lächeln ihrer Mutter sah. Es war ein seltsames Gefühl, an dem Ort zu stehen, an dem Mama so viel Zeit verbracht hatte – vor so vielen Jahren. Sie und Boshley hatten sich also gekannt, wahrscheinlich sogar zusammengearbeitet. Auch damals schon an dieser Alien-Sache? Aber Papa schien ja nichts davon zu wissen …

»Die eine sieht aus wie du«, kommentierte Dino das Foto im Vorbeigehen. Einen Moment später rief er quer durch den Raum: »Hey, Billie! Komm mal. Schnell!«

Sie riss sich von dem Foto los und lief eilig zu ihm. Dino stand vor einem großen Glaskasten, der an ein Aquarium erinnerte. Billie warf einen neugierigen Blick hinein – und erstarrte. Der Kasten war nicht mit Wasser gefüllt. Stattdessen schwebte darin ein Stein in der Luft! Jedenfalls glaubte sie, dass das ein Stein war. Er war glänzend blau, etwas kleiner als ihre Faust und rundlich geformt. Seltsame Linienmuster bedeckten seine ansonsten völlig glatte Oberfläche. Das Ding hing etwa zehn Zentimeter über dem Boden des Kastens und warf einen kleinen Schatten. Drähte oder sonstige Aufhängungen waren nicht zu erkennen.

»Was ist das?«, fragte sie verwirrt.

»Ein schwebender … Stein?«, erwiderte Dino wenig hilfreich.

Billie hatte sofort das Gefühl, dass dieses Objekt etwas ganz Besonderes war. Es passte einfach nicht hierher – in diesen Raum. Auf diesen Planeten?

»Ein Stein?«, fragte sie zweifelnd. »Glänzend blau?«

Dino öffnete eine Klappe an der Seite des Glaskastens. Der Stein schwebte weiter in der Luft.

»Ein Magnet oder so was?«, überlegte Billie, ohne so

recht daran zu glauben. Vorsichtig bewegte sie ihre Hand unter den Stein. Er schwebte unbeeindruckt vor sich hin.

Billie wurde mutiger und schloss ihre Faust um den Stein. Er fühlte sich kühl an. Sie zog den Stein zu sich heran – und bemerkte einen Widerstand. Das Ding ließ sich bewegen, aber nur ganz langsam, als bestünde die Luft aus zähflüssigem Pudding. Und die ganze Zeit schwebte der Stein dabei!

Auch Dino probierte es und zog ihn zu sich her.

»Ist schwer, irgendwie …«, murmelte er überrascht. »… und irgendwie auch nicht.«

Billie griff nach dem Stein und warf ihn probeweise hoch. Doch es gelang ihr kaum, den Stein in Schwung zu bringen. Er gondelte langsam und zögerlich wie ein Luftballon durch den Raum und kam schon nach einem Meter wieder zum Stillstand – mitten im Zimmer, etwa auf Billies Augenhöhe.

Dino trat an den Stein heran und drückte von oben dagegen. Er sank etwa eine Armlänge nach unten und schwebte dann wieder auf der Stelle.

»Wie geht das?«, fragte Dino ratlos.

»Ich weiß es nicht«, antwortete Billie. Sie hätte gerne ihren Vater, den Alleswisser, danach gefragt – aber sie hatte den Verdacht, dass er ihr die gleiche Antwort gegeben hätte.

»Es gibt nur eine Erklärung!«, stelle Dino feierlich fest.

Billie nickte. »Der Stein ist nicht von der Erde.«

»Genau, Madam!«, stimmte Dino ihr zu. »Und Boshley, diese Halloween-Hexe, hatte das Ding die ganze Zeit vor der Nase – und uns nach Strich und Faden verarscht!«

»Genau, ihr neunmalklugen Hosenscheißer!«, rief plötzlich eine weitere Stimme. Billie und Dino wirbelten herum. In der Tür stand Dr. Boshley! Sie sah noch schlechter gelaunt aus als vorhin – und sie wirkte ertappt, mit hochrotem Kopf und blinzelnden Augen. Billie war sich plötzlich ganz sicher, dass es in diesem geheimen Keller-Labor nicht mit rechten Dingen zuging!

Dino schien das ähnlich zu sehen, denn sofort schnappte er sich den blauen Stein aus der Luft.

»Gib ihn her!«, verlangte Boshley erbost. »Er gehört mir!«

Das war der letzte Beweis! *Mir* hatte sie gesagt, nicht etwa *der ESA* oder gar *der Menschheit*. Die kochte hier ihr eigenes Süppchen!

»Da wär ich mir nicht so sicher!«, entgegnete Dino. Boshley hielt sich nicht mit einer Antwort auf. Entschlossen stapfte sie in den Raum, um den Kindern den Stein abzunehmen.

Billie und Dino rannten gleichzeitig los, sie nach links und er nach rechts. Doch Boshley war schneller, als sie aussah! Mit einem entschlossenen Griff packte sie Dino am Kragen.

»Ha!«, knurrte sie.

»Billie – fang!« Dino warf ihr den Stein zu. Träge trudelte er durch die Luft – und kam viel zu früh wieder zum Stillstand.

Boshley streckte triumphierend den Arm danach aus. »Ihr habt doch keine Ahnung, was ihr da … Aaaauh!«

Dino hatte sie in den Unterarm gebissen. Sie ließ ihn unwillkürlich los, und Billie nutzte ihre Chance. Ohne nachzudenken, stürmte sie auf Boshley zu – und schnappte ihr den blauen Stein vor der Nase weg. Dann stürzten die beiden Kinder die Treppe hoch, während die Wissenschaftlerin sich noch fluchend den Arm hielt.

Doch sie fing sich viel zu schnell! Als Billie und Dino durch das Büro liefen, kam sie schon die Treppe hinaufgepoltert. Hastig rissen sie die Tür auf und rannten auf den Gang hinaus, vorbei an zwei überraschten Security-Menschen. Keine fünf Sekunden später stand Boshley in der Tür ihres Büros.

»Security!«, brüllte sie. »Fangen und Bringen! Mit Prämie!«

Die beiden Wachmänner setzten sich sofort in Bewegung. Billie und Dino stürmten den Gang hinunter, so schnell sie nur konnten. Dinos Bein machte die Sache nicht gerade einfacher … Sie bogen scharf um eine Ecke und sahen einen weiteren Gang vor sich, von dem zahlreiche Türen abgingen. Entschlossen griff Billie nach der erstbesten Klinke, öffnete die Tür einen Spaltbreit und schlüpfte zusammen mit Dino hindurch. Drinnen schauten sie sich um. Sie fanden sich in einem kleinen Zimmer wieder, das glücklicherweise gerade unbesetzt war. Es war ein klassischer Büroraum – ein Schreibtisch, Aktenschränke, einige Topfpflanzen und Fotos. Hier gab es nichts Auffälliges, leider auch keinen zweiten Ausgang.

Während sie noch durchatmeten, hörten sie draußen auf dem Gang die schweren Schritte der Wachleute.

»Die müssen hier irgendwo sein!«, rief einer von ihnen.

»Los!«, erwiderte ein Zweiter. »Alle Büros durchsuchen!«

Alarmiert schauten sich die Kinder an. Sie liefen zum einzigen Ausweg, der ihnen noch blieb: das Fenster. Draußen war die Startrampe mit der weiß glänzenden Rakete zu sehen.

Für Billie war jedoch der Anblick des Erdbodens viel wichtiger: Der war hart gepflastert und befand sich ganze drei Stockwerke unter ihnen! Gerade fuhr brummend ein Lastwagen vor. Offenbar befanden sie sich über einem Verlade-Terminal.

Etwas klackerte in ihrem Rücken. Die Türklinke wurde heruntergedrückt!

Hektisch überschlug Billie die Lage im Kopf. Mit dem Lastwagen war der Abstand nach unten nicht mehr ganz so groß. Die Plane, mit der die Ladefläche abgedeckt war, sah außerdem einigermaßen weich aus …

»Wir müssen springen«, stellte sie mit zittriger Stimme fest.

Dino riss das Fenster auf und gemeinsam kletterten sie auf die Fensterbank. Die Tür zum Büro öffnete sich. Billie und Dino fassten sich bei den Händen. Sie schauten sich noch einmal an. Dann sprangen sie.

8

AUF DER FLUCHT

»Aaaaah!«

Für einen Moment stürzten Dino und Billie frei durch die Luft. Dann landeten sie auf der Dachplane, die sie wie ein großes Trampolin auffing. Ein verflixt hartes Trampolin allerdings! Die beiden stöhnten. Dino tastete seinen Körper ab. Immerhin schien er sich nichts gebrochen zu haben und auch seine Orthese war nicht verbogen. Das lag bestimmt an den Verbesserungen, die er vorgenommen hatte – gute Arbeit zahlte sich eben aus. Aus dem Augenwinkel bemerkte er, dass ein Arbeiter gerade etwas in den LKW einlud. Es war eine große Kiste aus Aluminium. War das nicht das Ding, das Dr. Boshley aus ihrem Geheimraum geholt hatte?

Der Arbeiter schien die beiden Kinder nicht zu bemerken. Vorsichtig krochen sie bis zum Rand der Plane, um von dem LKW herunterzuklettern. Doch genau in diesem Moment gab es einen Ruck und der Lastwagen setzte sich in Bewegung!

Erschrocken krallten Dino und Billie sich fest. Zügig rollte das Fahrzeug über die Piste, fort vom Gebäude des Kontrollzentrums. Dino hob den Kopf, um sich zu orientieren – und sah das Ziel der Fahrt: Der Lastwagen hielt direkt auf die Startrampe zu!

So nah wollten sie dem Raketenstart eigentlich gar nicht kommen ... Doch der Lastwagen fuhr unerbittlich weiter, zu einem hohen Gebäude mit rot-weißen Antennenmasten auf dem Dach – nahe der Rampe. Schließlich passierten sie ein Tor, und das Fahrzeug hielt in einer großen Halle. Hier stand alles voller Container und Gerätschaften, und zahlreiche Arbeiter in blauen Anzügen wuselten wie aufgescheuchte Ameisen herum. Ein Gabelstapler rauschte mit summendem Elektromotor heran, um den LKW zu entladen.

Vorsichtig ließen sich Dino und Billie auf der anderen Seite vom Dach herunter. Die Halle war vollgestellt, belebt und unübersichtlich – eigentlich ziemlich genial, um unauffällig zu verschwinden!

»Wohin?«, fragte Dino aufgeregt.

»Zurück, wo's die Limo gab«, erwiderte Billie. »Wir müssen meinen Vater finden und ihm alles sagen … Und zeigen!«

Sie hielt die Faust hoch, in der sie noch immer den blauen Stein umklammert hielt. Dino nickte. Dann bewegten sie sich geduckt zwischen den Containern auf das Hallentor zu – und hielten abrupt inne. Von draußen kam gerade ein Trupp uniformierter Security-Leute herein! Der Anführer redete mit seinem Handfunkgerät. Offenbar hatte Boshley inzwischen die Sicherheit auf dem gesamten Gelände auf sie angesetzt …

Dort gab es nun kein Durchkommen mehr. Dino und Billie drehten um und schlichen in die andere Richtung. Diese Halle hatte doch bestimmt auch einen Hinterausgang! Da spürte Dino plötzlich, wie ihm Billie die Hand auf die Schulter legte.

»Achtung!«, flüsterte sie und nickte nach vorne. Nun sah es auch Dino: Zwei Männer in dunklen Anzügen standen zwischen den Containern und sahen ziemlich grimmig aus. Das waren die Typen, mit denen Boshley sich gestritten hatte! Gerade telefonierte einer von ihnen, während der andere sich aufmerksam umschaute. Ob sie die geheimnisvolle Zuladung überwachten, von der Boshley auf dem Gang gesprochen hatte? Jedenfalls ging es in dieser Richtung auch nicht weiter. Dino und Billie saßen in der Falle!

»Und nun?«, fragte Billie besorgt.

»Da rein!«, entschied Dino und zeigte auf einen kastenförmigen Transportbehälter, der aus silbrig glänzendem Stoff bestand. Vorsichtig öffnete er den Reißverschluss des Behälters. Im Inneren befand sich eine große Aluminium-Kiste – schon wieder dieses Ding! Entschlossen zog Dino die Kiste heraus, um Platz zu schaffen. Dann kroch er zusammen mit Billie in den Stoffbehälter und machte den Reißverschluss von innen wieder zu.

Für eine Weile saßen sie schweigend im Dunkeln und lauschten angespannt in die Halle hinaus, wo die Arbeiter sich Anweisungen zuriefen und zwischendurch die eiligen Schritte der Wachleute zu hören waren. Plötzlich näherte sich ein surrendes Geräusch, der Behälter wackelte ein wenig – und setzte sich in Bewegung! Ein Gabelstapler musste ihn angehoben haben und transportierte ihn nun quer durch die Halle.

Konzentriert tippte Billie auf ihrem Handy herum.

»Was machst du?«, fragte Dino.

»Ich versuche, meinen Vater zu erreichen – aber sein Handy ist wieder mal aus. Mist …«

»Wenn wir denen erst mal zeigen, was wir gefunden haben«, überlegte Dino, »interessiert sich keine Sau mehr für diesen langweiligen Raketenstart!«

Billie holte den Stein raus und ließ ihn auf ihrer Handfläche schweben. »Vor allem werden die uns jetzt glauben. Selbst mein Dr. Dr. Ober-Papa.«

Die beiden Kinder lächelten sich stolz an. In diesem Moment wackelte es wieder und das elektrische Surren des Staplers entfernte sich.

»Sie haben uns abgesetzt«, stellte Billie fest. »Sollen wir jetzt raus?«

»Noch nicht«, widersprach Dino. »Da ist noch irgendwer …«

Und schon wieder ein Wackeln und Rumpeln! Diesmal hatten sie das Gefühl, mit einem Aufzug ziemlich weit nach oben zu fahren. Dann wurde ihr Container noch einmal durchgerüttelt. Schließlich stand er still und eilige Schritte entfernten sich.

»Sollen wir …?«, fragte Dino schließlich, und Billie nickte stumm. Vorsichtig öffnete er den Reißverschluss, und die beiden sprangen heraus und schauten sich um.

Sie hatten keine Ahnung, wo sie gelandet waren! Dino und Billie befanden sich in einem runden Raum mit Wänden aus lackiertem Metall, an denen zahlreiche weitere glänzende Transportbehälter festgeschnallt waren. Es gab keine Fenster, nur eine Lampe als künstliche Lichtquelle. Der einzige Ausgang schien eine runde Luke zu sein, die mit zwei Metallriegeln gesichert war.

»Seltsam«, murmelte Billie.

»Ja«, stimmte Dino ihr zu. »Auch, dass hier alles ringsum angegurtet ist, oder? Als gäbe es kein Oben oder Unten.«

»Und warum ist das hier so eng?«, ergänzte Billie. »Als wäre dieses ganze Ding selbst ein Behälter …«

Die Kinder schauten sich mit großen Augen an. Dino erinnerte sich plötzlich an den Plan der Transport-Raumkapsel, den Boshley den Presseleuten vorgestellt hatte. An den runden Frachtraum, der darauf zu sehen gewesen war … Billies Unterkiefer klappte herunter.

»Kann nicht sein …«, sagten sie beide gleichzeitig. Doch da war auch schon ein mächtiges Grollen zu hören und alles um sie herum erzitterte. Die brutale Wucht des Raketenstarts drückte Dino und Billie auf den Boden.

9

72,5 KILO ZULADUNG

Billies Vater Alex irrte kreuz und quer durch die Gänge und Hallen des Kontrollzentrums.

»Hallo? Wo steckt ihr denn bloß?«, rief er ungeduldig. »Billie, das machst du nicht noch mal mit mir, verdammt!«

Er hatte keine Ahnung, wo sich seine Tochter mit ihrem Freund gerade herumtrieb. Hier in der Eingangshalle waren sie jedenfalls nicht. Er schaute hoch zur Uhr. Sie hatten nicht mehr viel Zeit!

Dabei hatte er eine ganz besondere Überraschung für die Kinder: Er hatte vorhin seinen alten Freund Tomasio getroffen. Der gehörte zu den Wissenschaftlern, die den Raketenstart heute vom Kontrollraum aus überwachen würden – und er hatte Alex und die Kinder eingeladen, direkt vor Ort dabei zu sein! Wenn Billie und Dino das erfuhren! Aber dafür müssten sie erst mal auftauchen ...

»Na ja, das Beste verpasst ihr jetzt«, murmelte Alex säuerlich vor sich hin. Die Ariane mit der Transportkapsel würde schon bald abheben. »Selbst schuld.«

Er verließ die Eingangshalle und eilte auf direktem Weg in den Kontrollraum. Unterwegs hielten ihn zwei Wachleute an, doch als er seinen Gäste-Ausweis vorzeigte, ließen sie ihn passieren.

Kurz darauf betrat er die Halle, in der er früher selbst einmal gearbeitet hatte – das Missionskontrollzentrum. Große Bildschirme an den Wänden zeigten die Startrampe.

Die Rakete stand bereit, riesig wie ein Kirchturm und doch kurz davor, sich in den Himmel zu erheben. Im Raum waren Konsolen mit Computerbildschirmen verteilt, an denen Dutzende von Wissenschaftlerinnen und Wissenschaftlern gebannt auf die Anzeigen starrten. Tomasio, ein kleiner Mann mit munter funkelnden Augen, winkte Alex von seinem Arbeitsplatz aus zu.

Alex' Blick jedoch ruhte auf der Frau, die hinter Tomasio stand und gerade nervös durch einige Zettel blätterte – Dr. Margot Boshley. Sie schien seinen Blick zu bemerken, denn sie schaute von ihren Unterlagen auf – und hob überrascht die Augenbrauen.

»Alexander!«, stellte sie fest. »Der Loser.«

Sie war älter geworden, aber offenbar noch immer so nett wie früher, als sie in der Abteilung seiner Frau als Praktikantin gearbeitet hatte.

»Hey, Margot«, erwiderte er trocken. »Die Praktikantin. Freue mich auch, dich wiederzusehen.«

Sie schnaubte. »Ich dachte, du bist jetzt Kindergärtner in Bayern.«

»Physiklehrer«, verbesserte er. »In der Nähe von Dortmund.« Für Margot war das vermutlich mehr oder weniger dasselbe.

»Was machst du in Kourou?«, fragte sie misstrauisch. »Und noch dazu im Mitarbeiter-Bereich.«

»Also, gerade suche ich meine Kinder«, erwiderte er. »Billie und Dino. Also, nur Billie ist mein Kind, Dino ist mir zugelaufen. Du hast sie, glaube ich, vorhin schon kennengelernt. Auf der Pressekonferenz.«

Margot streifte sich instinktiv den Ärmel über eine rötliche Bissspur an ihrem Arm. Verwundert hob Alex die Augenbrauen. »Wurdest du gebissen? Habt ihr hier neuerdings Hunde?«

»*Noch* nicht«, knurrte Margot und rauschte davon, um ihren Platz einzunehmen.

»Mach dir keine Sorgen um die Kinder«, sagte Carlitta, die nun dazukam. Alex und sie kannten sich ebenfalls noch von früher. »Hier ist alles Sicherheitszone. Da kommt niemand raus.«

Alex nickte halb überzeugt. Am liebsten hätte er sich jetzt einfach auf den Start konzentriert. Aber dass die Kinder fehlten, ließ ihm einfach keine Ruhe.

»Hast du schon mal am Limo-Stand geschaut?«, fragte Carlitta, die seine Unruhe bemerkt zu haben schien.

Alex nickte ihr dankbar zu und machte sich auf den Weg nach draußen. Die Rakete würde auch ohne ihn starten – aber Dino und Billie brauchten ihn.

Die Luft im Missionskontrollzentrum knisterte vor Spannung. So war das immer kurz vor einem Start, und Margot Boshley liebte dieses Gefühl. Vor allem mochte sie es, die Fäden für die gesamte Mission in der Hand zu haben.

Alle saßen an ihren Bildschirmen und wussten, was sie zu tun hatten. Jeder würde seinen Teil beitragen, um das gemeinsame Ziel zu verwirklichen – ein Aufbruch ins Weltall!

Sie ließ ihren Blick über den Raum schweifen und entdeckte Agent Grey und Agent Silver, die am Rande der Halle standen und alles mit unbewegter Miene verfolgten. Das dämpfte ihre Stimmung, doch sie konzentrierte sich auf den nächsten Schritt.

»Alle Stationen, bitte Statusmeldung!«, kommandierte sie von ihrem Platz aus.

»Alle Stationen melden *GO*«, las Tomasio vom Bildschirm ab. »Alle Systeme startbereit.«

»Bestätigt«, sagte der Flight Officer, der die Vorgänge beim Start überwachte, an seiner Konsole. »Alle Systeme auf *GO*. 10 Sekunden zum Start. Neun ... acht ... sieben ... sechs ... fünf ... vier ... drei ... zwei ... eins ... Start!«

Auf dem Bildschirm war zu sehen, wie die Triebwerke der Rakete zündeten und sich eine enorme Rauchwolke ausbreitete. Dann hob ihr schlanker weißer Umriss vom Boden ab und raste dem Himmel entgegen wie ein riesiger Pfeil. Zwei gleißende Flammensäulen sprühten aus den Triebwerken der Rakete. Alle im Kontrollzentrum jubelten.

»Lift-Off«, verkündete Tomasio. »Alle Systeme arbeiten normal.«

»Rollmanöver beendet«, ergänzte der Flight Officer. »Kurs einwandfrei. Erreichen gleich maximalen Staudruck.«

Boshley nickte zufrieden. Bei einem geglückten Raketenstart fühlte man sich immer selbst ein bisschen schwerelos!

In diesem Moment beugte sich Tomasio verwirrt näher an seine Anzeigen.

»Die Kontrollen verzeichnen ein Mehrgewicht im Frachtraum der Kapsel«, meldete er.

»Das ist nur die Zuladung«, erwiderte Boshley, ohne von ihrem Bildschirm aufzuschauen. Die Sonde war also problemlos eingeladen worden. Nun konnte nichts mehr schiefgehen.

»Zuladung?«, fragte ihre Assistentin Carlitta mit gehobenen Augenbrauen.

»Eine spezielle Sonde, die kurzfristig noch an Bord musste«, meinte Boshley etwas unwirsch. »Anweisung von ganz oben.«

Dass Carlitta aber auch immer so neugierig sein musste ...

»Es handelt sich um 72,5 Kilogramm«, las Tomasio vom Bildschirm ab.

Boshley nickte – und runzelte nur einen Moment später verwirrt die Stirn.

»Ich empfehle, Verladungsplan und Schwerpunktlage zu checken«, warf eine Wissenschaftlerin von hinten ein.

»Lageregelung hat kompensiert«, verkündete der Flight Officer. »Alles sieht normal aus. Wir sind auf Kurs.«

»72,5?«, murmelte Boshley ungläubig. »Aber ... die Sonde wiegt doch keine zwölf Kilo!« Sie warf einen verstohlenen Blick auf die beiden Agenten. Agent Silver hatte die Stirn gerunzelt. Das verhieß nichts Gutes.

»Feststoffraketen abgetrennt«, sagte der Flight Officer. Auf dem Bildschirm war zu sehen, wie sich die seitlichen

Hilfstriebwerke, die nur für den Start nötig waren, von der Ariane lösten. »Sieht alles sehr gut aus. Flight.«

Plötzlich blinzelte Tomasio irritiert. »Komisch – ich habe hier zwei Temperatur-Hotspots im Frachtraum.«

»Wärmeflecken?«, fragte Boshley. »Wie kann das sein?«

Tomasio drückte einige Tasten, und auf dem Schirm erschien die Aufnahme einer Wärmebild-Kamera in verschiedenen Farbtönen. Mittendrin waren zwei dunkelrote Kleckse zu erkennen – kinderförmige Umrisse.

Boshley blieb fast das Herz stehen. Waren das etwa …?

»Noch zehn Sekunden bis zum Eintritt in die Schwerelosigkeit«, verkündete der Flight Officer, der von alledem noch nichts mitbekommen hatte. Unterdessen beugte sich Boshley so dicht über den Bildschirm, als wollte sie direkt hineinkriechen.

»Ich schätze mal, das ist nicht die geheimnisvolle Zuladung, die du veranlasst hast«, murmelte ihre Assistentin Carlitta.

Boshley war sich inzwischen sicher: Das waren eindeutig die Kinder, die ihr den Stein gestohlen hatten! Sie hatte keine Ahnung, wie diese Bälger das angestellt hatten – aber jetzt waren sie auf dem Weg ins Weltall. Natürlich mit ihrer Beute. Sie konnte es einfach nicht glauben.

Wie von der Tarantel gestochen sprang sie auf. »Carlitta!«, rief sie. »Kontaktsperre für die Presse! Notfallprotokoll aktivieren und höchste Sicherheitsstufe – keiner kommt rein, der hier nichts zu suchen hat!«

Panisch schaute sie sich um. Hinter einer Glasscheibe

standen einige Journalisten und machten Fotos von dem Chaos, das gerade im Missionskontrollzentrum ausbrach. Zu spät. Schon bald würde die ganze Welt wissen, dass gerade zwei Kinder in den Weltraum aufgebrochen waren.

Natürlich waren Billie und Dino auch nicht am Limo-Stand. Alex hatte keine Ahnung, wo er sie noch suchen sollte. Und nun war es auch schon zu spät, um wieder ins Kontrollzentrum zu gehen … Auf einem Bildschirm, der neben dem Limo-Stand aufgehängt war, sah er, dass der Raketenstart bereits losgegangen war. Er beobachtete, wie die Rakete sich in den Himmel erhob, und verfolgte zugleich das Geschehen im Kontrollzentrum, das auf einem weiteren Bildschirm übertragen wurde.

Offenbar gab es Probleme mit seltsamen Wärmeflecken in der Kapsel. Hatte da nicht gerade jemand etwas von Kindern gesagt? Er beugte sich näher an den Bildschirm – und traute seinen Augen nicht.

»Nee, ne?«, murmelte er ungläubig.

Billie und Dino mussten irgendwie in diese Raumkapsel geraten sein! Und jetzt flogen sie direkt ins Weltall … Seine Knie fühlten sich plötzlich schrecklich weich an. Was Billies Mutter wohl dazu gesagt hätte? Jemand musste etwas unternehmen!

Ohne lange nachzudenken, rannte Alex los. Doch er kam nur bis zum Eingang des Missionskontrollzentrums. Dort hielten ihn zwei bullige Security-Leute auf. Alex zeigte seinen Gäste-Ausweis vor. Das Kontrollgerät leuchtete rot auf.

»Kein Zugang«, brummte einer der Wachmänner.

»Nein«, stöhnte Alex. »Ich muss ... zu meiner Tochter ... Sie ist ...« Er zeigte hilflos nach oben. Die Sache war verdammt schwierig zu erklären! »Sie müssen mich durchlassen!«

»Keine Chance«, erwiderte der Wachmann fest. »Treten Sie zurück, bitte.«

Alex sah ein, dass es zwecklos war. Er murmelte ein halbherziges »Danke« und rauschte davon. Dann würde er eben einen anderen Weg hineinfinden!

10

SCHWERELOS

Billie und Dino wurden auf den Boden der Kapsel gepresst und konnten sich kaum rühren. Gleichzeitig kitzelte es in Billies Magen, als würden darin zwanzig Achterbahnen um die Wette fahren. Mit viel Kraft konnte sie sich zu Dino umdrehen. Sein Gesicht war seltsam verzerrt, ein mächtiger Druck von vorne zog seine Wangen nach hinten. Sie selber sah vermutlich auch nicht viel besser aus ...

»Billie!«, rief der verwackelte Dino ihr zu. »Das ist das Coolste, was ich je erlebt habe!«

»Na, ich weiß nicht ...«, erwiderte Billie skeptisch. Papa hatte ihr oft genug erzählt, wie viel Mama damals trainiert hatte, bis sie endlich als Astronautin für ihre erste Mission zugelassen worden war. Und Dino und sie waren irgendwie zufällig in dieser Raumkapsel gelandet, ohne jede Vorbereitung! Das konnte doch gar nicht gut gehen ...

Ein plötzlicher Ruck riss sie aus ihren Gedanken. Die Riesenkraft, die Billie gegen den Boden gedrückt hatte, war von einer Sekunde auf die andere nicht mehr da. Genauer gesagt wirkte *gar keine* Kraft mehr auf sie – nicht einmal die Schwerkraft!

Es kribbelte in ihrem ganzen Körper, als sie sich vom Boden löste und schwerelos in der Kapsel herumzuschweben begann. Dino glitt neben ihr durch die Luft, seine Haare standen stachelig in alle Richtungen ab, als hätte er die wildeste Punk-Frisur aller Zeiten. Beide

Kinder drehten sich um sich selbst wie lebendige Planeten.

»Wuuuah!«, rief Billie aufgeregt. Sie versuchte, Dino auszuweichen – und musste feststellen, dass selbst kleinste Bewegungen hier unglaubliche Auswirkungen hatten. Sie schwebte meterweit durch die Luft.

»Willkommen im Weltall – würde ich mal sagen«, kommentierte Dino trocken.

»Papa wird sooo sauer sein«, erwiderte Billie. Dann war in ihrem Kopf kein Platz mehr für Sorgen. Sie stieß sich von der Wand ab und machte einen Salto! Ihr Körper drehte sich gleich dreimal um die eigene Achse, als wäre sie die eleganteste Turnerin der Welt. Dino machte es ihr lachend nach. Sein Bein behinderte ihn dabei nicht im Geringsten. Schwerelosigkeit war ja endgenial!

»Juhuuu!«, hallte es zweistimmig durch die Kapsel.

Der Jubel wurde durch ein scharfes Geräusch unterbrochen: *KLACK!*

Billie wirbelte herum. Einer der Riegel an der runden Luke des Frachtraums hatte sich gelöst!

KLACK!

Das war der zweite Riegel. Panik stieg in Billie auf. Würde gleich die Luke aufgehen, um irgendwelche Sonden auszusetzen – und die beiden Kinder dabei in die Kälte des Alls reißen?

ZISCH!

Die Luke sprang tatsächlich auf. Doch dahinter lag keine gähnende, schwarze Leere und es gab auch keinen Sog ins Nichts. Stattdessen schauten Billie und Dino auf die

Rückenlehnen von zwei Pilotensitzen in einem Cockpit, das den vorderen Teil der Kapsel einnahm. Ein Steuerpult mit zahllosen Knöpfen, Schaltern und Reglern glänzte metallisch vor den Sitzen. Aus der Richtung des Pults war ein Knacken zu hören, dann war eine blecherne Stimme aus einem Lautsprecher zu hören: »Hier ist das Missionskontrollzentrum Kourou, Planet Erde. ATV-23; Billie, Dino, bitte kommen!«

Billie und Dino stießen sich ab und schwebten vorwärts, durch die Luke in das Cockpit hinein. Vorsichtig schoben sie sich an den leeren Sitzen vorbei.

Nun konnten sie durch die Frontscheibe des Cockpits zum ersten Mal nach draußen schauen. Auf einmal hatte Billie einen megamäßigen Kloß im Hals! Sie befanden sich im Orbit der Erde. Unter ihnen lag ihr Heimatplanet als gigantische, blau-grüne Halbkugel, umhüllt von weißen Wolkenwirbeln. Goldene Sonnenstrahlen blitzten über den äußersten Rand der Kugel. Dahinter erstreckte sich die schwarze Unendlichkeit des Weltalls, durchsetzt von Millionen silbriger Sterne. Der Anblick war gigantischer als alles, was ein menschliches Gehirn sich vorstellen konnte. Es war wunderwunderschön und unheimlich zugleich.

»Falls ihr mich hören könnt«, meldete sich erneut die Stimme aus dem Lautsprecher, »in der Mitte zwischen den Sitzen ist ein Knopf. Ich lasse den mal rot blinken.«

Tatsächlich leuchtete einer von den drölfzigtausend Schaltern auf der Steuerkonsole rötlich auf.

»Wenn ihr den drückt, könnt ihr mit mir sprechen«, erklärte die Stimme. »Mein Name ist übrigens Tomasio.«

Dino streckte die Hand aus und drückte auf den Knopf. Auffordernd schaute er zu Billie. Sie räusperte sich unbehaglich.

»Hi«, begann sie mit dünner Stimme. »Und, ähm: Sorry. Wir wissen ehrlich gesagt auch nicht, wie das passieren konnte.«

Die supergeheime Sache mit dem schwebenden Stein konnte sie ja schlecht über Sprechfunk erklären …

Tomasio seufzte. »Darüber reden wir später. Ich stelle die Kapsel-Systeme jetzt erst einmal auf *besetzt* um.«

Einige der Leucht-Anzeigen auf der Konsole veränderten sich.

»Die erste Regel für jeden Raumfahrer und jede Raumfahrerin lautet: Ruhe bewahren«, fuhr Tomasio fort. »Wir haben alles im Griff. Schaut: Wir können sämtliche Instrumente von der Erde aus bedienen. Seht ihr?«

Einige Regler auf der Konsole bewegten sich wie von Geisterhand hin und her.

»Aha …«, machte Billie.

»Ich erkläre euch mal kurz den Plan«, sagte Tomasio unterdessen. »Wir versuchen, euch so schnell wie möglich wieder zur Erde zu bringen.«

Jetzt drückte Dino den Sprechknopf: »Okay!«

»Dafür müssen wir euch aber erst mal zur Internationalen Raumstation ISS fliegen«, fuhr Tomasio fort.

»Warum?«, fragte Billie.

Tomasio zögerte kurz. »Weil, na ja, euer Raumschiff nicht dafür vorbereitet wurde, wieder in die Erdatmosphäre einzutreten.«

»Wir würden verglühen, stimmt's?«, fasste Dino zusammen.

»Stimmt, Dino«, bestätigte Tomasio. »Aber dazu kommt es ja nicht. Wir bereiten parallel eine zweite Mission vor, und die holt euch dann von der Raumstation wieder ab. Ganz einfach.«

Billie unterdrückte ein Seufzen. Wenn jemand so ausdrücklich betonte, dass etwas *ganz einfach* war, dann war es das eigentlich *nie*.

»Wie lange dauert das?«, fragte Dino mit seinem unverwüstlichen Sinn fürs Praktische.

»Nun, wir berechnen das hier gerade«, erwiderte Tomasio ausweichend. »Aber ich schlage vor, ihr macht es euch erst mal bequem. Schwebt doch noch mal zurück in den Frachtraum. Im Behälter 25/B/32 findet ihr Astronauten-Kleidung. Nicht in eurer Größe, aber immerhin.«

»Aha«, machte Billie wieder.

»Zieht euch in Ruhe um – und wenn ihr fertig seid, habe ich auch schon mehr Infos für euch.«

Billie und Dino machten sich auf den Weg in den Frachtraum. Doch als sie sich durch die Luke schoben, konnte Billie noch einen Satz aus dem Lautsprecher hören, der eigentlich nicht mehr für die beiden bestimmt war: »Es ist gut, wenn die zwei was zu tun haben. Das lenkt sie ab.«

11

IM FERNSEHEN!

»Dino!«, brüllte Wolfgang ungeduldig. »Mach auf jetzt! Hat sich ausgemuckelt!«

Er stand auf seinem Schrottplatz in Castrop-Rauxel, direkt vor dem alten Doppeldeckerbus, in dem sein Sohn sich dieses seltsame Forschungs-Dingens eingerichtet hatte. Den Sinn für Technik hatte Dino natürlich von ihm – aber auch entschieden zu viel Fantasie!

Energisch hämmerte Wolfgang mit der flachen Hand gegen die Bustür. Karossa und Karacho, die in der Nähe lagen, zuckten zusammen.

»Mach auf jetzt! Irgendwann is' auch mal gut!«

Seit geschlagenen zwei Tagen hatte Dino sich in seinem Bus verkrochen und schmollte. Er war nicht mal zum Schlafen herausgekommen und hatte sich auch sonst nicht sehen lassen. Musste der überhaupt mal aufs Klo?

Ratlos versuchte Wolfgang, durch die schmutzigen Busfenster zu starren. Drinnen regte sich nichts. Langsam machte er sich Sorgen um Dino …

In diesem Moment sprangen die beiden Schäferhunde auf und platzierten sich vor der Tür des Busses. Gleichzeitig begannen sie eine Art Rhythmus zu bellen:

Wuff-Wau-Wuff-Wuff-Wau-Wuff!

Zischend öffneten sich die Bustüren von selbst. Wolfgang kratzte sich am Kopf und musterte die Hunde, die ihn unschuldig anhechelten. Die Viecher waren schlauer, als sie aussahen! Silke behauptete sogar, schlauer als er. Aber das war natürlich Blödsinn.

Dankbar kraulte er beide Hunde hinter den Ohren und betrat den Bus. Drinnen erwartete ihn ein Chaos aus leeren Computergehäusen und verstreuten Metallteilen – die wertlosen Überreste der Basteleien seines Sohnes.

»Dino, ich …«, begann Wolfgang verlegen. Und verstummte. Denn Dino war nicht hier. Stattdessen lag ein Zettel auf dem Tisch:

Bin mit meiner Freundin Billie los, die Aliens suchen. Kann dauern.

Er traute seinen Augen nicht. Mechanisch griff er nach dem Walkie-Talkie an seinem Gürtel – und ließ die Hand wieder sinken. Nee. Das konnte er Silke nicht über Funk sagen!

Wie ein Blitz raste er quer über den Schrottplatz, begleitet von den beiden aufgeregt bellenden Hunden. Atemlos stürmte er ins Büro am Eingangstor. Silke saß gerade am Schreibtisch und trug sorgfältig Zahlen per Hand in zwei Hefte ein. Der Computer stand unbenutzt daneben, weil sie »den elektrischen Schietdingern nicht über den Weg traute«, wie sie gerne betonte. Im Hintergrund lief irgendeine Nachrichtensendung in der Glotze.

»Silkeee!«, schnaufte Wolfgang aufgeregt. »Scha-atz!«

Entnervt schaute sie von den Büchern auf. »Brüll doch nicht so!«

»Da! Guck!« Er warf ihr den Zettel hin. Seine Frau überflog die Zeilen.

»Was? Spinnt der?« Dann drehte sie das Blatt um. »Hier

steht ja noch mehr: *PS: Das Geld für das Ticket ist nur geliehen. Versprochen.*«

Sie schaute Wolfgang empört an. »Was für'n Ticket? Will der ins Phantasialand, oder was?«

Wolfgang und Silke liefen zu dem alten, wuchtigen Tresor, der in einer Ecke des Büros stand. Rasch stellte Silke die Zahlenkombi ein. Die Panzertür schwang auf – und Wolfgang und Silke machten große Augen.

Das Bargeldfach ganz oben im Tresor war komplett leer. Der einzige Inhalt war ein handgeschriebener Zettel: *Danke, Mama und Papa!*

Mit gerunzelter Stirn starrte Wolfgang das leere Geldfach an. Da tippte ihm Silke stumm an die Schulter. Er schaute auf und sah eine Sondermeldung, die gerade im Fernsehen lief. Es wurde das Bild einer Raumkapsel gezeigt, dazu die Unterschrift *Kinder aus Versehen ins Weltall geschossen!* Daneben war auch ein Foto der beiden Kinder zu sehen, mit irgendeiner Modell-Rakete in der Hand. Das eine Kind war diese Sibylle, das freche Früchtchen – das andere sein Dino! Im Fernsehen! Und im Weltall ...

»Leck mich am Arsch ...«, flüsterten Wolfgang und Silke gleichzeitig.

Eigentlich war Billie wenig begeistert über den Umzug gewesen. Immerhin kannte sie in dieser Gegend niemanden und bis zum Schulbeginn waren es noch Wochen – lange und öde Wochen ohne ihre Freundinnen und Freunde. Das hatte sie jedenfalls befürchtet. Doch seit sie diesem Dino auf dem Schrottplatz begegnet war, sah die Sache plötzlich ganz anders aus.

Nach Einbruch der Dunkelheit radelte Billie rüber zum Schrottplatz, und wie schattenhafte Ninjas auf geheimer Mission schlichen Dino und sie zwischen den Autowracks herum, um alle fehlenden Bauteile zu besorgen.

Billie und Dino saßen an den Computerbildschirmen und fühlten sich irgendwie feierlich und aufgeregt zugleich. Entschlossen drehte Dino am Frequenz-Rädchen. Wieder ertönte das Rauschen des Weltalls, diesmal deutlicher und kraftvoller als jemals zuvor. »Der klarste Empfang ever!«, schwärmte Dino.

Dino musste am nächsten Tag hilflos mit ansehen, wie die Zentrale in ihre Bestandteile zerlegt wurde. Traurig saß er dabei auf dem Dach eines Wassertanks am Rande des Schrottplatzes. Wenigstens hatte er Gesellschaft: Billie hockte neben ihm und ließ die Beine baumeln.

Billie griff in ihre Tasche, zog ein Stück Papier hervor und reichte es Dino. Es war ein handgeschriebener Brief. »Lies mal«, forderte sie ihn auf. Dino kniff die Augen zusammen. Billies Handschrift war eine echte Herausforderung! »Liebes ESA-Team … «, las er vor.

»Meine Sonde wird nicht versagen«, erklärte sie fest, aber ihre Stimme klang dünner, als es ihr lieb war. »Sehr gut – für *Sie*«, erwiderte Agent Silver. Mit dieser Drohung war das Gespräch beendet.

Grey wandte sich inzwischen der Sonde zu und streckte die Hand danach aus. Das Gerät zog sofort alle Antennen ein wie eine Schnecke ihre Fühler. Fast sah es so aus, als würde sich sogar die Sonde vor dem Agenten fürchten.

Der Einladungsbrief von der ESA sah hochoffiziell aus, mit einem weißen Logo in der Ecke und einem Haufen Hochglanz-Flyern über die neueste Weltraumforschung im Umschlag.

»Damit sind wir auch schon fertig«, beendete Dr. Boshley ihren Vortrag. »Noch Fragen?« Keiner von den Presseleuten meldete sich. Billie und Dino aber schauten sich an. Das war *die* Gelegenheit!

»Wir müssen springen«, stellte sie mit zittriger Stimme fest. Dino riss das Fenster auf und gemeinsam kletterten sie auf die Fensterbank. Die Tür zum Büro öffnete sich. Billie und Dino fassten sich bei den Händen. Sie schauten sich noch einmal an. Dann sprangen sie.

»Achtung!«, flüsterte sie und nickte nach vorne. Nun sah es auch Dino: Zwei Männer in dunklen Anzügen standen zwischen den Containern und sahen ziemlich grimmig aus. Das waren die Typen, mit denen Boshley sich gestritten hatte!

Die Riesenkraft, die sie gegen den Boden gedrückt hatte, war von einer Sekunde auf die andere nicht mehr da. Genauer gesagt wirkte *gar keine* Kraft mehr auf die beiden – nicht einmal die Schwerkraft!

Es knackte und rauschte im Lautsprecher, rumpelte und schepperte. Billie nahm sich inzwischen die Kladde mit den Notizen vor. Immer wieder war Weltraumrauschen zu hören – und dann plötzlich ein Hauch der bekannten Melodie. War das etwa ein Stück vom Signal?

Dino und Billie schauten sich an. Sie hatten Kontakt aufgenommen!

»Aber Lauryn hat Aliens gefunden!«, hauchte Boshley ehrfürchtig. »Sie hat Aliens entdeckt?«, flüsterte er. »Dein Ernst?« Boshley öffnete ein weiteres Video. Es zeigte zwei Männer und eine Frau in weißen Wissenschaftler-Kitteln, die ratlos um ein blaues, schwebendes Etwas herumstanden.

»Das Lebenserhaltungssystem ist nicht aktiv! Der Sauerstoff auf der Station reicht nur noch für sechs bis acht Stunden.«

»Wir haben Kontakt!«, rief er quer durch den Raum. »Na ja, wenigstens zur Sprachbox von Billies Handy … Sie geht nicht ran.«

»Die künstliche Atmosphäre bricht immer mehr zusammen«, stellte Billie düster fest. Beide wussten, was das bedeutete. Bald war es hier drinnen so kalt wie im All – und es gab keinen Sauerstoff mehr …

Dino schlug frustriert mit der Hand auf den Boden.
»Heute ist irgendwie nicht unser Tag.«

Der Hubschrauber landete draußen auf dem freien Feld vorm Kontrollzentrum. Als die Kinder ausstiegen, warteten jede Menge Leute auf sie.

Plötzlich war aufgeregtes Bellen zu hören. Karossa und Karacho kamen ihnen entgegengeschossen, dicht gefolgt von Dinos Eltern und Billies Vater! Noch ehe Billie wusste, wie ihr geschah, hatte Papa sie auch schon in die Arme geschlossen und hochgehoben.

Dinos Vater hatte sein Versprechen gehalten und den Ferrari-Grill angeworfen: Aus dem Motorblock eines alten Sportwagens hatte er einen Profi-Grill mit Pommes-Fritteuse gebastelt, auf dem er die leckersten Sachen zubereitete.

Der Himmel war wolkenlos und Abertausende von Sternen funkelten auf sie herab. Kaum zu glauben, dass sie selber vor Kurzem dort oben gewesen waren …

12

DER RICHTIGE RHYTHMUS

Dino und Billie saßen im Cockpit der Raumkapsel, bekleidet mit den grau-orangefarbenen Astronauten-Anzügen, die sie in einem der Container gefunden hatten. Sie starrten in die Schwärze des Alls hinaus, während die Kapsel ferngesteuert ihrem Kurs in Richtung ISS folgte. Unter ihnen zog die Erde nun auf der Nachtseite dahin, bedeckt von Netzwerken funkelnder Lichter, die eigentlich lebendige Städte voller Menschen waren. Gelegentlich piepte irgendein Instrument der Kontrollkonsole oder das Funkgerät knisterte. Ansonsten war kein Geräusch zu hören, und Dino kam selbst sein eigener Atem furchtbar laut vor.

»Dino – hast du Angst?«

Billies Frage kam ganz unvermittelt. Er schaute zu ihr. Sie lächelte ihn an, was wohl aufmunternd wirken sollte. Doch er konnte ihre Unsicherheit deutlich erkennen.

»Überhaupt nicht«, behauptete er.

Beide wussten, dass das geflunkert war. Aber das war gerade irgendwie besser, als die Wahrheit auszusprechen.

Dino beugte sich vor und schnappte sich die Kladde, die er aus Boshleys Forschungsraum hatte mitgehen lassen. Er blätterte durch die Aufzeichnungen zum geheimnisvollen Alien-Signal.

»Ich frage mich gerade, ob wir Aliens sehen werden«, überlegte Billie, die ihn beim Blättern beobachtete. »Ich mein: Möglich ist alles, oder?«

Er nickte. »Wenn ich diese Sauklaue lesen könnte, könnten wir den Aliens eine Nachricht schicken.« Er zeigte auf die Konsole vor ihm. »Das hier ist das beste Funkgerät, das ich jemals gesehen habe!«

Wie zur Bestätigung knackte das Gerät plötzlich und Tomasios Stimme war wieder zu hören: »Hier Missionskontrollzentrum Kourou. Billie, Dino? Alles klar bei euch?«

Dino atmete auf. Es tat gut, zu hören, dass sie hier draußen nicht völlig auf sich gestellt waren!

»Ja«, erwiderte Billie mit dem Sprechknopf des Geräts. »Die Anzüge sind ganz bequem.«

»Das freut mich«, sagte Tomasio. »Eure berechnete Flugzeit beträgt übrigens sechs Stunden und vier Minuten. Die Hälfte habt ihr schon geschafft. Ihr müsstet die ISS schon sehen können.«

Dino beugte sich etwas zur Seite – und dann konnte er sie tatsächlich erkennen: eine längliche, glänzende Röhre, von der seitlich Solar-Module wie kantige Flügel abstanden. Sie war umgeben von einem komplizierten Geflecht aus Antennen, Empfangsschüsseln und sonstigen Gerätschaften. Die ISS! Sie war noch ziemlich weit weg und wirkte dadurch so klein, als würde sie bequem in seine Faust passen.

»Sieht aus wie ’n Spielzeug«, meinte Billie.

»Ist es auch«, gab Tomasio zu. »Ein riesengroßes. Habt ihr irgendwelche Fragen?«

»Ja«, erwiderte Dino, der schon länger über etwas nachdachte. »Wozu ist der schwarze Drehknopf an der Funkanlage?«

»Ähm … Das müsste zur Änderung der Funkfrequenz sein«, überlegte Tomasio.

Aha! Das hatte Dino vermutet, bei seinem alten Gerät in der Bus-Zentrale hatte das so ähnlich ausgesehen. Dann könnte man also tatsächlich versuchen, die Frequenz des Alien-Signals zu finden …

»Aber ich verstehe euch gut«, fuhr Tomasio fort. »Ihr mich auch?«

»Ja«, murmelten Dino und Billie gleichzeitig, während sie das Funkgerät musterten und ganz bestimmt dasselbe dachten.

»Versucht am besten, ein wenig zu schlafen«, empfahl Tomasio. »Das war ein anstrengender Tag für euch – und er ist noch nicht vorbei.«

Der hatte leicht reden! Schlafen – wenn man gerade im Weltall unterwegs war und versuchen konnte, mit Aliens Kontakt aufzunehmen! Wie von selbst wanderte Dinos Hand zum Drehknopf. Ganz sachte änderte er die Frequenz.

»Ansonsten fasst am besten nichts an!« Tomasios Stimme klang nun verzerrt. »Dann kann auch nichts passieren. Okay?«

»Okay«, erwiderte Dino unschuldig.

»Bis später!«, flötete Billie.

Konzentriert begann Dino, den Funkregler hin und her zu drehen. Es knackte und rauschte im Lautsprecher, rumpelte und schepperte. Billie nahm sich inzwischen die Kladde mit den Notizen vor. Immer wieder war Weltraumrauschen zu hören – und dann plötzlich ein Hauch der bekannten Melodie. War das etwa ein Stück vom Signal?

»Moment, Billie«, murmelte er aufgeregt. »Ich hab's gleich!«

»Ich glaub', ich auch«, erwiderte Billie, die ganz in die Kladde vertieft war. »Das hier ist wie ein Übersetzer von Alienisch zu Deutsch!«

»Wow!«, machte Dino anerkennend. »Du kannst diese Sauklaue lesen?«

»Ganz gut sogar«, antwortete Billie ein wenig verlegen.

»Wie das?«

»Ich hab dieselbe Sauklaue.«

Verwirrt schaute Dino vom Funkgerät auf. »Hä?«

»Dino, das hier hat nicht Boshley geschrieben«, erklärte Billie.

»Sondern?«

»Meine Mutter«, antwortete Billie leise.

Dino verstand überhaupt nichts mehr. Billie seufzte.

»Das Foto in dem geheimen Raum … Mit Boshley und der anderen Frau, die so aussah wie ich … Das war …«

Jetzt begriff er. »… deine Mutter?!«

Billie nickte.

»Aber …«, stotterte Dino. »… okay … Aber … Waaas? Also: Deine Mutter und die Boshley, die steckten unter einer Decke?«

Etwas unbehaglich biss sich Billie auf die Lippen. Dann zuckte sie mit den Schultern. »Weiß nicht.« Sie überlegte kurz. »Ich hab kaum Erinnerungen an Mama. Papa erzählt viel von ihr, und wir haben überall Fotos von uns dreien. Auf den Fotos lachen wir immer.«

Dino schnaubte. »Auf unseren Fotos lachen nur die Hunde.«

Die beiden schauten sich an und mussten plötzlich kichern. Das alles schien gerade so weit weg.

»Und?«, hakte Dino schließlich nach. »Was sagt dein Vater? Wie war sie, deine Mutter?«

»So wie ich«, murmelte Billie.

»Dann war sie schwer in Ordnung!«, entgegnete Dino, und Billie lächelte.

In diesem Moment wurden die Geräusche aus dem Lautsprecher plötzlich dumpfer. Sie drohten, das Signal zu verlieren! Rasch stellte Dino die Frequenz mit dem Drehregler nach – und endlich hatte er Erfolg!

Der fremdartige Sprechgesang erklang klar und rein aus den Lautsprechern der Raumkapsel, so deutlich, wie die Kinder ihn noch nie zuvor gehört hatten.

»Dieses Funkgerät ist echt der Hammer!«, schwärmte Dino.

»Was, wenn wir ihnen antworten?«, schlug Billie vor.

»Okay«, entgegnete Dino skeptisch und drückte den Sprechknopf. »Ähm ... Hallo? Hier sind Billie und Dino. Wir sitzen in einer Raumkapsel und kriegen Mordsärger, wenn wir wieder nach Hause kommen.«

Billie schüttelte den Kopf. »Ich meinte doch: in ihrer Sprache.«

Dino runzelte die Stirn. »Und wie soll das gehen?«

»Ich denke, ich habe es jetzt raus«, erklärte Billie und hielt die Kladde mit den Aufzeichnungen ihrer Mutter hoch. »Das Signal ist keine gewöhnliche Sprache, wie wir erst gedacht hatten. Das ist ein rhythmischer, melodiebasierter Bedeutungscode.«

»Hää?«, machte Dino.

»Das steht hier so drin«, sagte Billie. »Man muss diese Sprache singen. Auf den Rhythmus kommt es an, nicht auf irgendwelche Wörter.«

Dino seufzte. »Bin ich nicht so gut drin, im Singen.«

Billie zuckte mit den Achseln. »Ich eigentlich auch nicht. Aber Hauptsache, der Rhythmus stimmt.«

»Und Hauptsache, sie antworten«, ergänzte Dino.

Also probierten sie es aus. Billie gab mithilfe der Kladde eine Art Melodie vor und trommelte rhythmisch auf der Konsole herum. Dino versuchte ihr nachzusingen, so gut es eben ging.

»Uh-aaah-ah–ahhoh! Uh-aaah-ah–ahhoh! Uh-aaah-ah–ahhoh!«

Für gewöhnlich war es Dino immer furchtbar peinlich, wenn er irgendwo singen musste, und sei es nur ein Geburtstagslied. Aber gerade fand er das überhaupt nicht schlimm, obwohl ihn doch Billie volle Kanne hören konnte. Bei ihr machte ihm das einfach nichts aus – sie kannte ihn schließlich eh so, wie er war. Ob das ein Geheimnis von Freundschaft war? Dass einem nichts peinlich sein musste?

»Uh-aaah-ah–ahhoh! Uh-aaah-ah–ahhoh! Uh-aaah-ah–ahhoh!«

Die Singerei war ganz schön anstrengend. Und irgendwie gelang es ihnen nicht ganz, im gleichen Rhythmus zu bleiben. Schließlich machten sie einen Moment Pause.

»Da fällt mir grad ein …«, sagte Dino in die erschöpfte Stille hinein. »Die Aborigines in Australien können Landkarten singen.«

»Echt?«, fragte Billie.

»Ja«, erwiderte Dino, der mal was darüber gelesen hatte. »Der eine singt, der andere findet den Weg. Ohne den Text zu verstehen.«

»Siehste«, meinte Billie zuversichtlich. »Dann schaffen wir das auch.«

Sie machten weiter, probierten immer neue Rhythmen aus.

»Uh-aaah-ah–ahhoh! Uh-aaah-ah–ahhoh! Uh-aaah-ah–ahhoh!«

Langsam begann die Sache Spaß zu machen! Mal gab Billie den Rhythmus vor und Dino folgte ihr, dann war es wieder umgekehrt. So als würden sie durch Laute miteinander tanzen. Sie fanden echt in den Groove!

»Uh-aaah-ah–ahhoh! Uh-aaah-ah–ahhoh! Uh-aaah-ah–ahhoh!«

Nach einiger Zeit legten sie wieder eine Pause ein. Dino bemerkte plötzlich, dass er vor lauter *Uhs* und *Ahs* eine wichtige Frage noch gar nicht gestellt hatte: »Was heißt das jetzt eigentlich?«

»*Uh-aaah-ah* ist die tonliche Entsprechung für *Hallo*«, erklärte Billie. »Oder *Willkommen* … Oder *Frieden.*«

»Okay.« Dino straffte sich entschlossen. »Noch mal?«

Er drückte die Sprechtaste. Mit ganzem Einsatz sangen die beiden ihren Gruß in den Weltraum hinaus: »Uh-aaah-ah–ahhoh! Uh-aaah-ah–ahhoh! Uh-aaah-ah–ahhoh!«

Dann horchten sie kurz auf das Funkgerät. Es war nichts als Rauschen zu hören – selbst die Melodie des Signals war verstummt. Hatten die Aliens etwa keine Lust mehr?

»Hmm ... Noch mal!«, sagte Billie.

Und wieder waren sie voll im Rhythmus: »Uh-aaah-ah–ahhoh! Uh-aaah-ah–ahhoh! Uh-aaah-ah–ahhoh!«

Noch einmal lauschten sie. Keine Antwort, kein Signal – gar nichts.

Billie schnappte sich die Kladde. »Vielleicht habe ich das ja doch falsch verstanden«, überlegte sie, während sie darin herumblätterte.

»Oder es ist die falsche Frequenz«, entgegnete Dino und griff nach dem Regler. Doch noch ehe er den Knopf berühren konnte, knackte es im Lautsprecher. Dann waren plötzlich rhythmische Töne zu hören, laut und klar. Das klang wie das Alien-Signal – aber es war eine komplett andere Melodie! Im selben Rhythmus wie ihr *Uh-aaah-ah*, nur seltsam widerhallend und irgendwie *spacig*.

Dino und Billie schauten sich an. Sie hatten Kontakt aufgenommen!

13

DER EINBRUCH

Halb wütend und halb verzweifelt stapfte Alex um das Gebäude des Kontrollzentrums herum. Was bildeten die sich eigentlich ein, ihn nicht hineinzulassen! Die blöde Nachrichtensperre funktionierte doch sowieso nicht – das Gebäude war voller neugieriger Presseleute und der unfreiwillige Weltraumstart der Kinder lief längst auf allen Fernsehkanälen.

Die konnten ihn doch nicht einfach aussperren, wenn seine Tochter auf dem Weg in den Weltraum war! Billie brauchte ihn jetzt dringend, als Astrophysiker und als Vater.

An den Security-Leuten kam er nicht vorbei. Aber er gab trotzdem nicht auf. Alex hatte lange genug hier in Kourou gearbeitet, um das eine oder andere Geheimnis zu kennen!

Nun lief er auf der Rückseite des Gebäudes an der Wand entlang, unter der tropischen Sonne Guayanas. Gecko-Echsen huschten über das Mauerwerk davon, als er sich zielstrebig einem Metallkasten in der Wand näherte. Es war eine alte Klima-Anlage mit einem klappernden Ventilator. Wenn er sich richtig erinnerte, belüftete sie die Kellerräume.

Entschlossen rüttelte Alex an dem Kasten. Ja, das Teil war noch so wackelig, wie er es in Erinnerung hatte. Verstohlen schaute er nach links und rechts. Niemand zu sehen. Die hingen jetzt alle vor den Bildschirmen und schauten zu, wie seine Tochter durchs All driftete. Wütend gab er dem Kasten einen Tritt! Mit einem Knarren löste der sich aus der Wand und fiel zu Boden. Dahinter gähnte ein dunkler Belüftungsschacht. Der Durchgang war eng – aber nicht zu eng für Alex.

Ohne lange nachzudenken, kroch er in den Schacht und robbte auf dem Bauch vorwärts, tiefer in das Gebäude hinein. Schon bald erreichte er ein Gitter, das an der Seite eingelassen war. Dahinter war ein schwach beleuchteter Kellerraum zu erkennen. Alex rüttelte am Gitter. Es war fest verschraubt und regte sich nicht.

»Verflixt«, knurrte er. »Hier muss doch irgendwo …«

Plötzlich hörte er dumpfe Stimmen durch den Schacht hallen. Das kam von da vorne, von einem weiteren Gitter. Und eine der Stimmen hörte sich verdächtig bekannt an …

Neugierig kroch Alex auf das Gitter zu und spähte hindurch. Darunter lag ein Raum, den er ganz bestimmt nicht im Keller erwartet hätte. Es war ein voll ausgestattetes Forschungszentrum mit riesigen Bildschirmen und Weltraumkarten an den Wänden! Und mitten in diesem Kellerzentrum stand Margot Boshley und unterhielt sich mit zwei Typen in dunklen Anzügen. Sollte Boshley nicht eigentlich oben sein und sich um den Notfall im Weltraum kümmern?!

Gerade redete der ältere der beiden Männer auf sie ein. Seine Stimme klang kalt und unerbittlich: »Sie haben uns versprochen, dass wir den Ort finden, wo es noch mehr von der schwerelosen Materie gibt.«

»Stattdessen wurde das *einzige* Exemplar geklaut«, ergänzte sein junger Kollege.

»Von Kindern, die ins All geflogen sind«, fuhr der andere wieder fort.

»Und früher oder später werden die Gören in die Welt hinausposaunen, was sie da gefunden haben«, schloss der Jüngere.

Verwirrt kniff Alex die Augen zusammen. Meinten die etwa Billie und Dino?

Unten verschränkte Boshley die Arme. »Das wird natürlich nicht passieren!«

Der Anzugträger wirkte nicht überzeugt. »Dr. Boshley, Sie mögen genial sein – oder sich dafür halten –, aber vergessen Sie nicht: Unsere Organisation hat Sie aufgebaut.«

Sein Kollege ergänzte: »Und unsere Organisation kann Sie jederzeit …«

»Ich weiß, was Ihre Organisation kann!«, unterbrach Boshley ihn gereizt, »und was sie *nicht* kann.« Wütend funkelte sie die Männer an.

Plötzlich hörte Alex ein leises Knarzen. Zu seinem Entsetzen bemerkte er, dass sich der metallische Lüftungsschacht langsam unter seinem Gewicht durchbog! Zum Glück waren Boshley und ihre Besucher so sehr in ihren Streit vertieft, dass sie nichts davon bemerkten.

»Wir wollen den Stein wiederhaben!«, erklärte gerade der Ältere fest. »Um jeden Preis.«

»Ich doch auch«, erwiderte Boshley beschwichtigend.

Knarrz! Der Lüftungsschacht verbog sich immer weiter.

»Bringen Sie die Kinder sicher auf die ISS!«, befahl ihr Gegenüber. »Um den Rest kümmern wir uns.«

Boshley runzelte verwirrt die Stirn. »Was haben Sie denn mit der Raumstation zu schaffen? Das müssen Sie doch gar nicht, wir werden …«

Der Typ fuhr sich mit dem Finger über den Mund, als würde er einen Reißverschluss schließen. Boshley verstand die Geste und verstummte. Die beiden Anzugträger schoben sich an ihr vorbei und verließen grußlos den Kellerraum. Schwer fiel die Tür hinter ihnen zu.

Boshley atmete auf, Schweißperlen glitzerten auf ihrer Stirn. »Kopf hoch, Brust raus!«, munterte sie sich selbst mit kläglicher Stimme auf. »Wird schon werden!«

Sie sah so elend aus, dass sie Alex fast leidtat.

Knaaarz-Kracks! Der Lüftungsschacht brach endgültig unter ihm durch. Mit den Füßen voran stürzte er in den geheimen Forschungsraum! Boshley wirbelte herum.

»Alexander Müller!«, rief sie fassungslos. Es folgten einige Wörter auf Französisch, die sich mehr als unerfreulich anhörten.

Alex rappelte sich auf und kroch aus den verbogenen Resten des Belüftungsschachtes. »Was zur Hölle ist hier los?«, verlangte er zu wissen – und erstarrte. Er hatte ein Foto im Regal entdeckt. Es zeigte Lauryn, seine Frau, neben Boshley, offenbar bei einer Forschungsmission, von der er keine Ahnung gehabt hatte. Mit großen Augen starrte er es an.

»Mein Gott«, flüsterte Boshley. »Du bist total ahnungslos, richtig?«

Alex fuhr zu ihr herum. »Ahnungslos – in Bezug worauf? Was geht hier vor, Margot?«

»Tut mir leid.« Sie verschränkte die Arme. »Alles streng geheim.«

»Aber meine Frau war anscheinend eingeweiht!« Jetzt brüllte er fast.

»Ja«, gab Boshley spitz zurück. »Aber du nicht.«

Alex hatte endgültig keine Geduld mehr. Es ging hier um Billie, verflixt!

»Dann informiere ich mich eben selbst!« Er ging auf ein Regal zu, in dem dicke Aktenordner lagerten, doch Boshley kam ihm zuvor.

»Non, das wirst du nicht tun!« Sie schnappte sich einen Ordner, auf dem in großen Druckbuchstaben STRENG GEHEIM stand. Mit beiden Armen umklammerte sie den Ordner und presste ihn sich an die Brust, als wäre er ein geliebtes Kind, das Alex ihr wegnehmen wollte.

Alex verengte die Augen. Da stand also alles Wichtige drin? Ihn so mit der Nase darauf zu stoßen, war ja sehr zuvorkommend von ihr!

»Gib schon her!«, forderte er und ging auf sie zu. Boshley zog sich mit dem Ordner hinter den Schreibtisch zurück. Alex versuchte, nach links um den Tisch herumzugehen. Aber Boshley wich nach rechts aus.

»Ich will wissen, was mit Lauryn passiert ist!«

»Lauryn hat an Aliens geglaubt!«, erwiderte Boshley. »Mehr musst du nicht wissen.«

Alex erstarrte verwirrt. »Sie hat über das Verhalten von Tonsignalen im All geforscht, aber …«

Boshley schnaubte. »Lauryn hat selbst Signale gesendet – und empfangen.«

»Ja«, erwiderte Alex. »Das hat sie mir erzählt. Aber das war eine Sackgasse. Sie hat das alles ad acta gelegt, als Billie und ich zurück nach Deutschland …«

Er unterbrach sich. Boshley hörte ihm zu und schien für einen Moment nicht auf der Hut zu sein – das war seine Chance!

Rasch griff er quer über den Schreibtisch und riss ihr den Aktenordner aus den Händen.

»Hey!«, rief Boshley empört.

Alex kümmerte sich nicht darum. Mit zitternden Fingern begann er, in dem Ordner zu blättern. Er enthielt Unmengen von Papieren, Tabellen und verwaschenen Fotos.

Boshley setzte dazu an, ihn aufzuhalten – und ließ die Arme seufzend wieder sinken.

»Was ist das alles …«, murmelte Alex. Er hatte ein besonderes Dokument entdeckt: die Personalakte von Lauryn Müller – seiner Frau! Darauf leuchtete ein dicker, roter *Top Secret*-Stempel.

Boshley gab sich offenbar vorerst geschlagen. Sie strich sich die Haare zurecht, kam um den Schreibtisch herum und begann zu erzählen: »Als du mit deiner Tochter nach Deutschland zurückgegangen bist, hat Lauryn angefangen, dieses geheime Institut aufzubauen. Mit mir zusammen. Wir waren ein Team, ich war auch nie die Praktikantin.«

Ungläubig schüttelte Alex den Kopf. »Das hat Lauryn mir nie erzählt!«

»Vermutlich wollte sie dich schützen, Alex«, erwiderte Boshley.

»Vor wem?«, hakte Alex nach. »Vor diesen Typen, die gerade da waren? Sind die von der Mafia, oder was?«

Sie seufzte. »Schön wär's. Meine ganze Forschung hier wird finanziert von einem geheimen Ministerium, das es offiziell nicht gibt. Und diese Agenten werden alles tun, um die Interessen ihres Ministeriums durchzusetzen. Alles.«

Verwirrt schaute Alex zwischen dem Aktenordner und dem Foto von Lauryn an der Wand hin und her. Er hatte das Gefühl, dass die Welt sich um ihn herum in einem schwerelosen Wirbel drehte.

»Was hat man dir erzählt, wie sie zu Tode gekommen ist?«, fragte Boshley, und ihre Stimme klang nun traurig.

»Ein Flugzeugabsturz«, erwiderte Alex bitter. »Auf einem Flug von Cayenne nach Miami.«

Er kämpfte gegen die dunklen Erinnerungen an, die in ihm aufstiegen. Billie war damals noch so klein gewesen ...

»Sie war auf einer geheimen Weltraummission«, erklärte Boshley. »Offiziell ein Flug ohne Besatzung.«

»Wie bitte?« Alles schien sich immer schneller zu drehen.

»Lauryn wollte dem Ursprung der Signale nachspüren«, sagte Boshley.

»Wann soll das gewesen sein?« Alex brauchte ganz dringend Zahlen, Daten – irgendetwas, woran er sich festhalten konnte!

»Fünf Tage vor ihrem Tod. Die Signale kamen aus diesem Gebiet.« Sie zeigte auf eine der Weltraumkarten. Darauf war mit rotem Filzstift ein Dreieck eingetragen, ganz nahe am Orbit der Erde. »Dort hat sich so viel Weltraumschrott angesammelt, dass wir von einem Ort extremer Gravitation ausgehen müssen.«

Ungläubig blinzelte Alex. »Du meinst, ein schwarzes Loch? Mitten in unserem Sonnensystem?«

»Lauryn ist in das Gebiet geflogen«, sagte Boshley. »Und dann ist der Kontakt abgebrochen.«

»Das denkst du dir aus!«, knurrte er wütend.

Boshley seufzte. »Ich zeig dir was. Komm mal her!«

Sie trat an einen der Rechner heran und öffnete eine Datei. Auf dem Bildschirm war nun ein Video zu sehen: Eine Raumkapsel stürzte quer über den strahlend blauen Himmel! Flammen zuckten über ihre rot leuchtende Hülle, offenbar verglühte sie gerade in der Atmosphäre.

»Das ist passiert, als die Kapsel vier Tage später wieder auftauchte«, erklärte Boshley. »Wir konnten nur noch die Trümmer bergen.«

Das Video verschwamm, als Alex' Augen sich mit Tränen füllten.

»Aber Lauryn hat Aliens gefunden!«, hauchte Boshley ehrfürchtig.

»Sie hat Aliens entdeckt?«, flüsterte er. »Dein Ernst?«

Boshley öffnete ein weiteres Video. Es zeigte zwei Männer und eine Frau in weißen Wissenschaftler-Kitteln, die ratlos um ein blaues, schwebendes Etwas herumstanden.

»Das Einzige, was wir bei den Trümmern gefunden haben, war dieser Stein. Symmetrisch geformt – und dem Gesetz der Schwerkraft nicht unterworfen.«

»Ein Stein, der der Schwerkraft trotzt?«, wiederholte Alex.

Boshley nickte. »Weißt du, wie viele Leute dafür töten würden?«

»Und wo ist dieser Stein jetzt?«, fragte Alex fordernd. Boshley zeigte nur stirnrunzelnd auf eine leere Glasvitrine und dann nach oben, zur Zimmerdecke. Nun verstand Alex endlich.

»Du meinst, Billie und Dino …«

Wieder war ein Nicken die Antwort.

Entschlossen raffte er sich auf. Er würde später noch genug Zeit haben, über all das nachzudenken.

»Ich will mit Billie sprechen«, verlangte er. »Jetzt.«

Nichts und niemand würde ihn davon abhalten! Er ging los in Richtung Ausgang.

»Alex!«, rief ihm Boshley eindringlich zu, und er drehte sich noch einmal zu ihr um.

»Niemand darf wissen, dass es diesen Stein gibt«, sagte sie. »Niemand!«

Er schnaubte und lief weiter. Boshley schaute kurz zum Foto von Lauryn und lächelte es entschuldigend an. Dann machte sie sich zusammen mit Alex auf den Weg zum Missionskontrollzentrum.

14

DAS ANDOCKMANÖVER

Eine rhythmische Melodie kam aus dem Lautsprecher des Cockpits, mal lauter und mal leiser, mal schneller und mal langsamer. Dino kannte die Töne inzwischen gut. Es war das Signal, das sie ganz zu Anfang auf dem Schrottplatz empfangen hatten. Nur war es hier draußen, im All, *viel* klarer und deutlicher.

»Warum senden sie jetzt wohl wieder die alte Nachricht?«, überlegte Billie und blätterte in der Kladde ihrer Mutter.

»Sie haben vielleicht genug vom Small Talk«, meinte Dino, der das gut verstehen könnte.

»Ja, aber was sagen sie?«, hakte Billie nach. »Hallo und so kann es ja dann nicht sein.«

Dino runzelte die Stirn. »Glaubst du, die Nachricht hat was mit dem Stein zu tun, Billie?«

»Vielleicht«, meinte Billie. »Aber was?«

Dino zog den blauen Stein hervor. Er fühlte sich glatt und kühl in seiner Hand an. Mit dem Stein in der Faust imitierte er das Signal, das sie gerade empfingen:

»Uh-ah-ih, ih-ah-uh. Uh-ah-ih, ih-ah-uh.« Es war immer dieselbe Abfolge von Tonhöhen, mal vorwärts und mal rückwärts.

Billie vertiefte sich wieder in die Kladde. In diesem Moment knackte und raschelte es im Lautsprecher.

»Oh nein …«, brummte Dino. »Nicht jetzt, bitte!«

Sie standen sooo kurz vor der Entschlüsselung – da durften sie das Alien-Signal nicht verlieren!

»Hallo, Raumkapsel-Besatzung«, war Tomasios verzerrte Stimme zu hören. »Hier ist das Missionskontrollzentrum. Hört ihr mich wieder?«

Vor Überraschung ließ Dino den Stein los. Doch dieser schwebte nicht einfach nur auf der Stelle – stattdessen setzte er sich zielstrebig in Bewegung und rauschte quer durch das Cockpit! Billie musste erschrocken den Kopf einziehen, als er dicht über sie hinwegsauste. Mit einem dumpfen *Klonk* prallte er gegen die Außenwand und blieb dort kleben. Dino beobachtete alles mit großen Augen. Auf der Erde hatte sich der Stein noch nicht von selbst bewegt. Seltsam!

Dann erinnerte er sich, dass sie Tomasio vermutlich antworten sollten. Er drückte den Gegensprechknopf.

»Uh-ah-uh. Ähm, ich meine: Wir verstehen Sie laut und deutlich.«

»Ich hatte doch gesagt, ihr sollt nichts verstellen«, tadelte Tomasio, »auch nicht am Funkgerät.«

»Ja, sorry«, erwiderte Billie. »Aber wir konnten nicht schlafen.«

»Schon okay«, meinte Tomasio. »Ein bisschen Spaß muss sein. Denn gleich wird's wieder ernst. Schaut mal nach links aus dem Fenster.«

Das taten die Kinder. Vor ihnen glänzte der Umriss der Raumstation im Licht der fernen Sonne! Sie war jetzt so nah, dass sie jede Antenne und jedes Solar-Modul deutlich erkennen konnten.

»Wow …« Das sagten Dino und Billie in letzter Zeit irgendwie öfter.

»Ein paar Minuten haben wir noch, bevor wir andocken«, erklärte Tomasio. »Wir schaukeln die Kiste von hier aus, erinnert ihr euch? Versprecht mir also: ab jetzt nichts mehr anfassen. Gar nichts! Dann kann auch nichts schiefgehen.«

»Okay«, gab Dino über Funk zurück.

»Und von nun an habe ich hier einen Co-Moderator«, fuhr Tomasio fort. »Ich übergebe mal.«

Es knackte, dann war eine andere Stimme zu hören.

»Hallo Billie, hallo Dino. Alles klar bei euch?«

»Papa!«, rief Billie erleichtert.

»Sorry, Schatz, dass ich mich erst jetzt melde«, sagte ihr Vater. »Aber ich hatte euch eigentlich … woanders gesucht.«

»War keine Absicht, Papa«, erwiderte Billie schuldbewusst.

»Ja, das glaube ich euch. Das wird jetzt ein bisschen dauern, bis wir hier eine neue Rakete flottkriegen und euch wieder abholen können.«

Billie schluckte. »Wie lange denn?«

»Ein paar Tage. So lange habt ihr die Raumstation ganz für euch allein.«

»Kannst *du* bitte kommen und uns holen?«, fragte Billie hoffnungsvoll.

»Mal schauen, aber jetzt müssen wir erst mal das Andockmanöver beginnen«, erwiderte ihr Vater. Für einen Moment raschelte es wieder im Lautsprecher. Aus dem

Geknister konnte Dino mehrere Stimmen heraushören, die aufgeregt durcheinandersprachen.

»Das Protokoll läuft. Aber die Kapsel dreht sich zu schnell!«

»Korrektur-Protokoll starten.«

»Korrektur-Protokoll läuft. Ohne Effekt.«

Das hörte sich irgendwie gar nicht gut an!

Noch einmal raschelte und knisterte es. Dann sprach wieder Tomasio: »Hallo, Freunde. Seid ihr bereit für ein kleines Spiel?« Seine Stimme klang irgendwie angestrengt fröhlich.

»Ja? Was denn?«, fragte Billie misstrauisch.

»Stellt euch vor, ihr sitzt in einem Raumschiff – und plötzlich geht etwas schief!«

»Hä?«, machten Dino und Billie gleichzeitig. »Wir sitzen doch in einem Raumschiff!«

»Ja, genau«, druckste Tomasio herum. »Und nur mal angenommen ... Also stellt euch vor ...«

Es knackte, dann war Billies Vater zu hören. »Hey Billie, hey Dino. Die automatisierte Steuerung zum Andocken funktioniert nicht richtig.«

»Okay«, erwiderte Billie. »Das heißt?«

»Ihr müsste eure Kapsel selbst steuern.«

Dino sog scharf die Luft ein. Vor Kurzem hätte er es noch mehr als genial gefunden, wenn ihm jemand gesagt hätte, dass er eine echte Raumkapsel steuern darf. Plötzlich erschien ihm die Aussicht gar nicht mehr so verlockend.

»Wir haben genau drei Minuten, um euch sicher an die

Raumstation zu bringen«, erklärte Billies Vater. »In 30 Sekunden schalten wir auf Handbetrieb, dann seid ihr dran.«

Dino und Billie schnallten sich zur Sicherheit auf ihren Sitzen fest. Auf der Konsole vor ihnen blinkten einige Knöpfe auf und ein Steuerknüppel schob sich in Position.

Unterdessen kamen sie der Raumstation immer näher. Schon nahm ihr glänzender Umriss fast das ganze Sichtfenster ein.

»Papa«, sagte Billie besorgt, »wir sind aber so 'n Ding noch nie geflogen!«

»Ich weiß, Schatz«, entgegnete ihr Vater in einem Tonfall, der wohl beruhigend sein sollte. »Ihr seid die ersten Kinder, die mit einem Raumschiff an der ISS anlegen.«

Irgendwie klang das ja schon ziemlich cool ... Falls sie die Sache überleben sollten!

Dinos Blick streifte den blauen Stein, der immer noch an der Wand des Cockpits klebte. Er presste so stark dagegen, dass das Metall inzwischen ein wenig eingedellt war. Fast sah es so aus, als wollte der Stein aus der Kapsel entkommen!

»Jetzt müssen wir noch festlegen, wer von euch steuert«, meldete sich Billies Vater wieder über Funk.

»Das macht das Mädchen!«, schaltete sich die Stimme einer Frau ein. Boshley! »Der Junge hat nur drei Finger. Also acht ...«

Dino erstarrte. Meinte die das im Ernst?!

Alex ging nicht darauf ein. »Dino, was spielst du für Video-Spiele?«, fragte er.

»Alles eigentlich«, erwiderte er überrascht. »Am liebsten Mario Kart, gegen meinen Vater.«

»Sehr gut. Wer gewinnt?«

Dino lächelte. »Na ich. Immer.«

Billie drückte den Sprechknopf. »Alles klar, Papa – Dino steuert!«, erklärte sie.

Ihr Vater schien damit einverstanden zu sein. »In drei, zwo, eins – das Schiff gehört dir, Dino!«

Dino umschloss den Steuerknüppel mit den drei Fingern seiner rechten Hand. Auf dem Display schimmerte jetzt ein Countdown auf. Er zählte erschreckend schnell von 3:00 Minuten herunter. Auch der Abstand-Wert, der daneben angezeigt war, wurde immer kleiner.

Billies Vater räusperte sich. »Alles, was du tun musst, Dino, ist die Spitze eures Raumschiffes in die Mitte der Andockschleuse zu bekommen.«

»Dafür habt ihr dieses Fadenkreuz, seht ihr?«, ergänzte Tomasio. »Es muss mit dem von der Raumstation übereinanderliegen. Dann ist euer Kurs korrekt.«

Na, wenn das alles war …

Draußen wurde die Raumstation größer und größer – und sie bewegte sich!

»Okay. Kann es sein, dass es die ISS dreht?«, fragte Dino.

»Ja«, entgegnete Billies Vater. »Und ihr euch auch. Das ist es, was es so schwierig macht.«

»Das schaffen die nie …«, murmelte eine Frauenstimme. Boshley natürlich.

»Können wir eigentlich bremsen?«, fragte Billie, während sie die größer werdende Station anstarrte.

»Ihr könnt steuern«, gab ihr Vater ausweichend zurück.

»Bremsen ist schlecht fürs Geschäft«, verkündete Dino, um sich Mut zu machen. »Sagen meine Eltern immer.«

Dann bewegte er den Steuerknüppel vorsichtig nach rechts, um der Drehung der Station zu folgen. Nichts tat sich. Er bewegte ihn probeweise nach links. Wieder nichts. Der Kurs der Kapsel blieb, wie er war. Gleich würden sie gegen eines der Solar-Module krachen!

»Es passiert gar nichts!«, rief er ins Funkgerät.

»Doch«, widersprach Billies Vater. »Aber mit Zeitverzögerung.«

Dino schwitzte. »Schon ein bisschen anders als ein Nintendo-Controller, muss ich sagen …«

Er riss den Stick härter nach rechts. Die Kapsel drehte sich abrupt und die Raumstation verschwand fast komplett aus dem Sichtfenster. Nun lagen nur noch Dunkelheit und endlos weit entfernte Sterne vor ihnen.

»Zurück!«, brüllte Billies Vater ins Funkgerät. »Zurück! Zurück!«

Dino steuerte nach links, diesmal etwas vorsichtiger. Die Station schob sich langsam wieder in Sicht.

»Alles gut, Dino«, flüsterte Billie angespannt. »Das wird.«

»Die sind zu schnell«, kommentierte Boshley aus dem Lautsprecher.

»Schnell kennt er von Mario«, widersprach Billies Vater. »Das ist nicht das Problem.«

»Nur zur Info!«, sagte Billie genervt ins Sprechgerät. »Wir können euch gut hören. Alle!«

»Wie will ein achtjähriger Junge die Abdrift berechnen?«, fragte Boshley gerade im Hintergrund.

»Ich bin keine acht mehr«, knurrte Dino und korrigierte den Kurs etwas nach rechts. Die Station drehte sich weiter. Fast wirkte es so, als wollte sie vor Dinos Steuerungsversuchen ausweichen.

»Dino«, meldete sich Billies Vater, »siehst du jetzt die Andockschleuse, die du ansteuern musst?«

»Dieser Riesenpfahl mit den hellen Punkten?« Das Ding war zumindest gut ausgeleuchtet. Leider zeigte es in eine seltsame Richtung.

»Ja, genau. Exakt. Du bist mein Mann.«

»Oh, da müssen wir ja richtig scharf reindriften, sonst geht das schief …«

»Meinste, du kriegst das hin?«, fragte Billies Vater besorgt.

Dino erwiderte nichts. Konzentriert starrte er auf die Schleuse, die näher und näher kam. Noch ein Stück nach links, nur nicht zu weit …

»Dino?«, hakte Billies Vater über Funk nach. »Dino?«

Billie schnaubte entnervt. »Sei mal bitte kurz still, Papa!«

»Ich mach das jetzt einfach nach Gefühl«, flüsterte Dino. Billie nickte. »Noch zwanzig Sekunden bis Kontakt, Dino«, las sie von den Anzeigen ab. »Laut Kursberechnung sind wir minimal zu weit rechts.«

»Okay.« Dino steuerte dagegen.

»Jetzt zu weit unten.«

»Alles klar!« Er zog den Stick zu sich her. Ganz vorsichtig, nicht zu weit …

Er warf einen Blick auf das Display. Die beiden Fadenkreuze schienen einigermaßen übereinanderzuliegen.

»Passt?«, fragte er.

Die Antwort war ein Scheppern und Ruckeln! Dino und Billie wurden von ihren Sitzen nach vorne geschleudert, die Gurte rissen sie unsanft zurück. Schlagartig wurde es dunkel um sie herum, als sämtliche Glühlämpchen im Cockpit gleichzeitig erloschen. Für einige Sekunden hörte Dino nichts anderes als sein wild schlagendes Herz. Mist – er hatte es verkackt!

Dann wurde es schlagartig hell im Cockpit, als die Lichter wieder angingen. Es rauschte und brodelte aus dem Lautsprecher. Er brauchte einen Moment, um die Geräusche zu erkennen: Das war Jubel!

»Ja!«

»Geschafft!«

»Yeah!«

Er war sich ziemlich sicher, dass das *Yeah* von Boshley kam.

»Manöver gelungen«, verkündete Alex stolz über Funk. »Willkommen auf der ISS.«

15

SCHWEBENDE KÖSTLICHKEITEN

Zischend öffnete sich die Schleusentür. Billie und Dino stießen sich ab und schwebten langsam in die ISS. Längliche weiße Gänge zogen sich vor ihnen dahin und alles war in ein grelles, künstliches Licht getaucht, das leicht flackerte. An jeder Ecke blinkten Anzeigen und Kontrollkonsolen vor sich hin. Eine Unzahl von Geräten, Displays und Computerbildschirmen war an den Wänden verschraubt, verbunden mit einem furchtbaren Salat von bunten Kabeln. Billie hatte das Gefühl, sich mitten durch das Gehäuse eines übergroßen Computers zu bewegen.

»Lasst mich raten«, meldete sich die Stimme ihres Vaters aus einem der Bordlautsprecher. »Ihr habt Hunger?«

»Und wie!«, riefen Billie und Dino gleichzeitig. Dabei hatte Billie in den letzten Stunden keine Zeit gehabt, an so etwas Banales wie Essen auch nur zu denken. Doch nun, da sie vorerst in Sicherheit waren, meldete sich knurrend ihr Magen.

»Kleiner Insider-Tipp«, fuhr ihr Vater fort. »Jede Crew, die auf der Raumstation forscht, hinterlässt in einem Geheimversteck verbotene Leckereien. Chips und Schokolade und so was.«

»Wo?«, fragte Billie sehnsüchtig.

»Verraten wir nicht«, erwiderte ihr Vater.

Das Licht flackerte stärker und für einen Moment knackte die Funkverbindung unschön.

»Okay, ihr zwei Stars«, schaltete sich Tomasio ein. »Weil ihr's euch verdient habt: Die Küche ist da, wo die vielen Aufkleber sind.«

Billie und Dino schwebten weiter voran, auf das Küchenmodul zu. Das künstliche Licht flackerte immer stärker, wie das Blitzlichtgewitter eines wild gewordenen Fotografen.

»Das Licht scheint kaputt zu sein«, murmelte Dino.

»Das Andocken war ein eher hartes Aufeinandertreffen«, erklärte Tomasio. »Aber wir kümmern uns von hier darum. Euch guten Appetit!«

Das Funkgerät verstummte. Billie und Dino schauten sich in der Küche gründlich um. Die Regale und Container hier waren leer; offenbar hatte die letzte Mission alles aufgefuttert. Dann entdeckte Dino eine halb versteckte Klappe mit der Aufschrift DO NOT OPEN, und natürlich machten die Kinder sie sofort neugierig auf. Eine Tüte Chips und eine Dose Cola kamen ihnen entgegengeschwebt. Für Billie, deren Magen inzwischen im Dauerknurr-Modus arbeitete, war das in diesem Moment die vielleicht beste Entdeckung auf ihrem Trip ins All!

»Okay, da hat sich die lange Reise ja gelohnt, würde ich mal sagen«, murmelte sie, während Dino schon die Chips-Tüte öffnete. Ein ganzer Schwarm Chips erhob sich aus der Tüte und verteilte sich schwebend im Raum.

»Bingo!«, jubelte er. Als sie die Cola-Dose öffneten, kamen mehrere spritzige Cola-Kugeln daraus hervorgeblubbert und waberten wie Seifenblasen durch die Schwerelosigkeit. Billie verfolgte sie fasziniert mit dem

Blick. Sie wusste, dass Flüssigkeiten sich hier draußen so verhielten – aber es war etwas ganz anderes, das auch tatsächlich zu erleben!

Billie und Dino trieben mitten in einer Galaxie aus Chips dahin und wurden von süßen Cola-Planeten umkreist. Begeistert schnappten sie mit ihren Mündern nach den schwebenden Chips und nahmen zwischendurch einen Schluck von den Cola-Kugeln. Gar nicht so einfach – aber es fühlte sich herrlich an! Billies Bauch gluckerte zufrieden.

Plötzlich bemerkte Billie eine Bewegung aus dem Augenwinkel. Ein graublauer Chip trieb an ihr vorbei. Blau? Nein, das war der Stein! Den hatte Dino doch eigentlich eingesteckt, bevor sie aus der Kapsel in die Raumstation gewechselt waren … Warum schwebte der denn plötzlich hier mit ihnen herum?!

Billie starrte dem Stein hinterher. Zielstrebig bewegte er sich quer durch die Raumstation – und prallte schließlich hart gegen eine Außenwand. Genau so, wie er es schon in der Raumkapsel getan hatte.

»Der will irgendwohin«, meinte Dino mit vollem Mund.

Nachdenklich zog Billie Mamas Kladde hervor. Wenn sie diese Alien-Sprache doch nur schon besser verstanden hätte!

»Uh-ah-ih, ih-ah-uh«, sang Dino probeweise in die Richtung des Steins.

»Sing's noch mal!«, rief Billie aufgeregt, die plötzlich eine Idee hatte.

»Uh-ah-ih, ih-ah-uh.«

Eifrig schrieb sie mit. »Dieses Signal endet, wie es

beginnt. Erst von vorne: *uh-ah-ih*. Dann von hinten: *ih-ah-uh*.«

»Man kann es vorwärts und rückwärts singen«, bestätigte Dino.

»Ich glaube, das heißt *zurück*«, überlegte Billie.

Beide starrten den Stein an.

»Die Aliens wollen ihren Stein zurück!«, stellten sie gleichzeitig fest. Endlich wussten sie, was dieses Dauer-Signal sollte!

»Billie, du bist genial!«, jubelte Dino.

»*Wir* sind genial, Dino!«, verbesserte Billie.

»Und deine Mama auch«, ergänzte Dino und zeigte auf die Kladde. Billie lächelte stolz.

In diesem Moment flackerte das künstliche Licht besonders heftig – und ging plötzlich ganz aus. Billie und Dino schwebten im Dunkeln.

»Oh-oh«, machte Dino alarmiert.

»Papa? Was ist jetzt schon wieder?«, fragte Billie in Richtung der Funksprechanlage der Raumstation.

Das Gerät war komplett still. Der Lautsprecher rauschte noch nicht einmal.

»Papa?!«

Keine Antwort. Das Licht blieb aus. Billie und Dino waren allein im Dunkeln.

16

ZU WENIG ZEIT

Dr. Margot Boshley atmete aus. Das Andockmanöver war gelungen! Die beiden Gören hatten die Raumstation ziemlich unsanft gerammt. Doch die Aktion war trotzdem ein Erfolg. Nie hätte sie das für möglich gehalten! Sie ertappte sich sogar dabei, dass sie lächelte, während alle Mitarbeiterinnen und Mitarbeiter im Missionskontrollzentrum um sie herum jubelten.

Dann fiel ihr Blick auf zwei Gestalten, die abseitsstanden und grimmig dreinblickten. Agent Grey und Agent Silver oder wie auch immer die beiden wirklich heißen mochten. Boshley wurde wieder ernst.

Agent Grey nickte ihr knapp zu und setzte sich dann beiläufig an einen freien Computer. Misstrauisch trat Boshley etwas näher an ihn heran. Sie konnte sehen, dass er das Kontroll-Menü für die Fernsteuerung der Raumstation öffnete. Woher hatte der Kerl all die supergeheimen Passwörter, um darauf zugreifen zu können?!

Plötzlich veränderte sich der Bildschirm. Nun waren lange Seiten voller seltsamer Befehle zu sehen. Das war der Quellcode für die Software der ISS! Das Herz ihrer Programmierung. Wenn man diesen Code veränderte, konnte man damit alle Sicherheitsmaßnahmen umgehen und alles Mögliche anrichten …

Unruhig trat Boshley von einem Fuß auf den anderen. Sie war hier die Chefin, verantwortlich für alle Abläufe –

und dieser Typ hackte einfach so in der Programmierung herum!

»Billie? Dino? Bitte kommen!« Alex saß immer noch drüben an der Funkanlage, und seine Stimme klang plötzlich alarmiert. Boshley schaute in seine Richtung. Zusammen mit Tomasio stand Alex über das Gerät gebeugt.

»Die Verbindung ist tot!«, rief Alex. »Was ist da los?«

»Weiß nicht«, knurrte Tomasio. »Aber das haben wir gleich.«

Eine rote Alarmleuchte blinkte auf. Eilig lief Boshley zur Konsole des Flight Officers und schaute ihm über die Schulter.

Auf dem Display war ein langer Balken mit der Beschriftung »O_2« zu sehen – die Sauerstoffanzeige der Raumstation. Der Balken wurde beständig kleiner. Denen ging da oben die Luft aus! Sie erstarrte.

»Margot, was passiert gerade?«, fragte Alex. Boshley antwortete nicht. Sie versuchte zu begreifen, was sie da sah.

»Margot?!« Alex' Stimme klang leicht panisch.

Unheilahnend wandte Boshley sich um – und sah, wie Agent Grey einige letzte Zeilen in den Programm-Code tippte und dann die Anzeige wieder auf das normale Menü umstellte. Er stand von dem Computer auf und strich sich zufrieden den Anzug glatt.

Wütend rannte sie auf ihn zu.

»Das haben Sie nicht getan!«, zischte sie schockiert. Und doch wusste sie, dass es so war. Er hatte das Lebenserhaltungssystem der Raumstation sabotiert – und den Kindern die Luft abgedreht. Der Sauerstoffvorrat würde nicht mehr lange reichen!

»Wenn Sie die Kinder dann aus dem All abholen, inszenieren Sie es als Heldentod«, erwiderte Grey kalt. »Den Stein bringen Sie direkt zu uns. Lautlos.«

Er wandte sich um, ohne ihre Antwort abzuwarten. Zusammen mit Silver ging er so gelassen aus dem Raum, als wären sie unterwegs zum Mittagessen.

Wütend starrte Boshley ihnen hinterher. Mit was für Monstern hatte sie sich da eingelassen! Ja, diese Gören waren nervig und hatten ihre Pläne durchkreuzt – aber das war doch niemals ein Grund …

Plötzlich tauchte Alex neben ihr auf. »Warum ist der Funkkontakt unterbrochen?«, wollte er wissen.

»Das ist nicht das Problem«, erwiderte sie matt.

»Für mich schon!«, sagte Alex aufgebracht. »Und für Billie und Dino ganz sicher auch!«

Carlitta kam mit ihrem Klemmbrett herbeigelaufen. Sie war kreidebleich um die Nasenspitze. »Das Lebenserhaltungssystem ist nicht aktiv! Der Sauerstoff auf der Station reicht nur noch für sechs bis acht Stunden.«

»Was?« Entsetzt riss Alex die Augen auf.

»Und die Rettungsmission kann frühestens in ein paar Tagen starten«, murmelte Boshley.

»Das ist Blödsinn!«, rief Alex außer sich. »Die Station hat eine Notversorgung, die unabhängig …«

»Alex!«, unterbrach Boshley ihn streng. Es nützte niemandem etwas, wenn er jetzt durchdrehte.

»Jemand hat das System gehackt«, stellte Carlitta ungläubig fest.

»Was?«, hauchte Alex. »Wer?«

»Ich nicht«, erwiderte Boshley bitter.

Im Kontrollzentrum war Chaos ausgebrochen. Alle möglichen Leute liefen herum und versuchten, das Problem irgendwie zu beheben. Und Boshley trug die Verantwortung! Sie war zuständig für die Sicherheit von jedem einzelnen Menschen hier – auch für die beiden frechen Blagen. Sie fasste ihren Entschluss. Egal, was diese Agenten mit ihrer Karriere anstellen konnten – sie würde nicht zulassen, dass sie mit dieser Masche Erfolg hatten!

»Tut alles, um das Lebenserhaltungssystem wieder hochzufahren – und die Rettungsmission zu beschleunigen!«, wies sie Carlitta an. Dann wandte Boshley sich zu Alex um, der völlig niedergeschlagen auf einem Stuhl hockte und das Gesicht in den Händen verborgen hatte. Sie öffnete den Mund, um etwas Tröstliches zu sagen – und schloss ihn wieder. Das war noch nie ihr Ding gewesen. Sie war eine Frau der Tat!

Entschlossen lief sie kreuz und quer durch das Kontrollzentrum, um diese verflixte Weltraummission wieder in den Griff zu kriegen. Sie ließ sich Berichte bringen, bellte Anweisungen, hackte auf den Konsolen herum.

Schließlich trat Alex an sie heran. Sein Gesicht war blass und vor Verzweiflung ganz verzerrt. »Billie hat ihr Handy dabei«, sagte er. »Wenn wir uns in einen Satelliten in der Nähe einloggen, können wir vielleicht den Empfangsradius verschieben und sie erreichen.«

Der Flight Officer starrte auf sein Display. »Ich kriege Kontakt zu drei Satelliten, die nah genug sind«, berichtete er. »Wir haben ein Zeitfenster von 95 Minuten, um einen davon zu kapern.«

»Was willst du ihnen sagen, Alex?«, fragte Boshley skeptisch.

»Auf der Raumstation gibt es einen mobilen Sauerstoffwandler«, erklärte Alex. »Der gewinnt Sauerstoff aus Flüssigkeit. Trinkwasser, Cola, sogar ihr eigener Urin – ganz egal.«

Boshley seufzte. »Das stimmt. Aber das wird nicht ...«

»Hauptsache, sie haben Sauerstoff!«, rief Alex scharf.

Sie schluckte herunter, was sie eigentlich hätte sagen wollen: Die Leistung des Sauerstoffwandlers war nicht stark genug, um zwei Personen über mehrere Tage zu versorgen. Aber Alex war gerade zu aufgewühlt, um die Wahrheit zu ertragen.

»Gute Idee«, murmelte Boshley stattdessen.

Atemlos kam Carlitta angerannt und winkte mit einigen Zetteln. »Hier sind die überarbeiteten Abläufe für die Rettungsmission. Wir haben alle Sicherheitsprotokolle minimiert. Damit kommen wir erheblich früher los. Circa 17 Uhr morgen Nachmittag.«

Boshley überflog die Zettel. »Das ist zu spät.«

Carlitta schluckte und zuckte hilflos mit den Achseln.

»Viel zu spät!« Boshley musste sich zusammenreißen, um es nicht laut herauszuschreien. Wenn kein Wunder geschah, würden die Kinder nicht mehr lange leben – und das ihretwegen!

In diesem Moment hörte sie Lärm, drüben beim Eingang zum Kontrollzentrum. Das war Hundegebell! Verwirrt schaute sie auf. Ein bärtiger Mann mit tätowierten Armen und eine grimmig-entschlossene Frau kamen in den Raum gestürmt. Sie hatten zwei Schäferhunde an der Leine dabei, die wild kläfften. Acht Security-Männer gleichzeitig versuchten vergeblich, die beiden irgendwie aufzuhalten.

Herausfordernd schaute die Frau sich um. »Wer ist hier der Boss?«, fragte sie unumwunden.

»Die Bossin«, meldete sich Boshley überrumpelt.

»Ich will meinen Jungen sprechen«, sagte die Frau. »Jetzt! Wir sind nicht quer über den Atlantik geflogen, um uns von irgendwelchen Weichbirnen aufhalten zu lassen!«

Die Schäferhunde knurrten, und der Mann nickte nachdrücklich.

»Wir arbeiten daran, aber die Situation ist ernst ...« Sie erklärte so sachlich wie möglich, was gerade los war. Die beiden Neuankömmlinge sahen immer entsetzter aus.

Schließlich wurde sie von Alex unterbrochen. »Wir haben Kontakt!«, rief er quer durch den Raum. »Na ja, wenigstens zur Sprachbox von Billies Handy ... Sie geht nicht ran.«

Alle stürzten zum Funksprechgerät. Tomasio hielt gerade einladend den Hörer hoch. Dinos Mutter schnappte ihn sich sofort.

»Dino!«, sprach sie hinein. »Hörst du, Engelchen? Hier ist deine Mama ...« Sie kämpfte mit den Tränen. »Mein Schatz: Was immer du auch gerade tust – mach's einfach so, wie du's immer machst. Ja, hörst du? Du hast 'nen ziemlichen Dickkopf, und den setzt du auch immer durch. Weißt du, was? Das ist gut so! Damals in der Schrottpresse – da biste reingefallen und da biste auch wieder rausgekommen. Erinnerste dich? Und jetzt bist du ja auch nicht allein, weil du die Sibylle hast. Und die ist zwar 'n ganz schönes Früchtchen, aber nicht dumm. Und die mag dich. Und ich glaube, dass ihr ein ziemlich gutes Team seid, ihr beide. Also vertraut darauf und entscheidet einfach alles zusammen, ja?« Ihr blieb die Stimme weg. »Und jetzt gebe ich dir noch mal den Papa«, presste sie heraus. »Der will dir auch was sagen …«

Sie gab ihm den Hörer. »Dino, wenn ihr zurückkommt, schmeiß ich den Ferrari-Grill an!«, versprach er. »Mama macht die langen Pommes, rot-weiß. Wir haben dich ganz doll lieb, Dino. Karossa und Karacho auch. Hörst du?«

Mit Tränen in den Augen hielt er den Hunden den Hörer hin. Sie bellten hinein. Betreten schaute Boshley auf ihre Füße.

Nun nahm Alex den Hörer entgegen. »Billie, Schatz … Ich weiß ehrlich nicht, was ich jetzt sagen soll. Ich weiß … Ich weiß, was Mama …« Er schluckte. Dann begann er zu singen: »*Zu den Sternen willst du fliegen* …« Schon nach einer Zeile brach seine Stimme. »Mama hat recht gehabt«, erklärte er so fest wie möglich. »Mit allem. Und was immer du machst – du machst es genauso.«

Ein Piepen ertönte. Die Zeit war um, die Sprachbox-Aufnahme war vorbei.

»Ich liebe dich«, flüsterte Alex ins Nichts.

17

AUFBRUCH INS UNBEKANNTE

Der Anruf von der Erde erreichte Billies Handy nie. Denn das Gerät war gerade halb zerlegt. Billie und Dino hatten es auseinandergebaut. Außerdem hatten sie eine Abdeckplatte von der Wand gelöst, nah bei der Cupola, der verglasten Aussichtskuppel der Raumstation. Dino war halb in den Kabelsalat dahinter gekrochen. Billie hielt ihm die Taschenlampe und beobachtete fasziniert, wie er sich in dem Durcheinander orientierte. Er versuchte, das System der Station mithilfe ihrer Handys neu zu starten. Dino war eben durch und durch Bastler und fand sich selbst in diesem Technik-Chaos zurecht …

»Sieht gefährlich aus«, murmelte Billie, während er an den Kabeln herumfuhrwerkte.

»Ich weiß«, erwiderte Dino. »Ist alles Technik aus den 90ern. Die Station ist halt schon älter. Kein Wunder, dass das irgendwann zusammenbricht.«

»Vielleicht war das der Stein«, vermutete Billie.

»Glaub ich nicht«, brummte Dino, während er auf dem Rücken lag und an irgendeinem Ding herumschraubte. »Dann wären unsere Handys auch lahmgelegt, und die gingen vorhin noch. Das ist ein Systemfehler.«

Schließlich verband er die beiden geöffneten Handys über ein Kabel mit dem Ding und legte einen Schalter um.

Flackernd ging eine der Lampen über ihnen an und auch

einige Leuchten an einer Konsole an der Wand begannen zu blinken.

»Es funktioniert!«, rief Billie hoffnungsvoll. Gleich hatten sie die Raumstation wieder unter Kontrolle …

Dino grinste stolz. »Unsere Handys haben zusammen mehr Prozessorleistung als dieser Oldtimer hier. Darum klappt das auch …«

Immer mehr Lampen sprangen in dem Gang an, Bildschirme erwachten rauschend zum Leben, eine Maschine brummte. Billie atmete auf.

Dann machte es plötzlich *PUFF* – und das Verbindungskabel zu den Handys brannte durch. Die Lampen, Konsolenlichter und Bildschirme erloschen so schnell, wie sie angesprungen waren. Die Raumstation hing wieder stumm und leblos im All.

Dino schlug frustriert mit der Hand auf den Boden. »Heute ist irgendwie nicht unser Tag.«

Billie seufzte schwer und legte sich die Hände an die Schultern, als wollte sie sich selbst umarmen. Es war immer kälter geworden, während Dino an den Kabeln gewerkelt hatte. Sie hauchte probeweise in die Luft. Ein kleines Wölkchen löste sich von ihrem Mund, wie an einem frostigen Wintermorgen. Selbst auf dem Glas der Cupola-Aussichtskuppel hatte sich eine dünne Eisschicht gebildet.

»Die künstliche Atmosphäre bricht immer mehr zusammen«, stellte Billie düster fest. Beide wussten, was das bedeutete. Bald war es hier drinnen so kalt wie im All – und es gab keinen Sauerstoff mehr …

Schweigend schwebten Billie und Dino vor der Cupola. Durch die gewölbten Scheiben konnten sie auf die Erde hinabblicken – ihr Heimatplanet in all seiner blau-grünen Schönheit, bedeckt von Meeren, Gebirgen und Wäldern. Irgendwo dort unten waren Dinos Eltern und Billies Vater – und alle anderen Menschen der Welt, die nicht gerade im Weltraum trieben.

Intensiv starrte Billie aus der Kuppel – so als könnte sie dadurch eine Raumkapsel herbeiwünschen, mit erfahrenen Astronautinnen an Bord, die sie retten würden. Doch es kam keine Kapsel. Nichts regte sich draußen im kalten, unbeteiligten Weltall.

»Ich frage mich gerade, wo meine Eltern wohl sind«, sagte Dino schließlich.

»Und?«

»Weiß nicht. Aber wenn Karossa und Karacho merken, dass ich weg bin, suchen die mich. Egal wo. Bis Kourou, jede Wette.«

»Glaubst du, deine Eltern sind sauer?«, hakte Billie nach.

»Nee.« Dino schüttelte überzeugt den Kopf. »Sauer sind die nur, wenn's nicht wichtig ist. Bei so was hier, da würde Mama mich *Engelchen* nennen. Und sie hätte voll die Pipi-Augen …« Er schluckte. »… und Papa auch. Voll peinlich wär das, sag ich dir.«

Eine Träne schimmerte in seinem Augenwinkel. Billie griff nach seiner Hand und drückte sie fest.

»Und wenn wir zurückkommen, schmeißt Papa bestimmt den Ferrari-Grill an«, überspielte Dino rasch seine Verlegenheit. »Mit Fritteusenfunktion für Pommes.

Ist der Hammer, sag ich dir.« Er räusperte sich. »Und *dein* Papa? Was, glaubst du, würde der sagen?«

»Der weiß in solchen Momenten nie, was er sagen soll«, meinte Billie. »Der macht dann immer, was Mama machen würde.«

»Aha.«

Leise begann Billie zu singen: »*Zu den Sternen will ich fliegen …*«

Ihre Stimme wirkte seltsam dünn und zerbrechlich im Vergleich zur gnadenlosen Weite des Weltraums draußen. Die Halbkugel der Erde verschwand immer mehr aus ihrem Blickfeld, während die Raumstation sich langsam drehte, der schwarzen Unendlichkeit entgegen. Die Dunkelheit schien direkt in Billies Herz zu kriechen.

»Die kommen nicht, um uns zu retten«, flüsterte sie schließlich. Die Leute dort unten würden es niemals schaffen, rechtzeitig eine neue Weltraummission zu starten. Bis dahin wären die Systeme der Station längst ausgefallen.

Dino widersprach ihr nicht. »Hast du Angst?«, fragte er.

Billie schluckte und nickte stumm. Jetzt war nicht die Zeit für Flunkereien.

»Ich auch«, gab Dino zu.

KLONK!

Das plötzliche Geräusch hallte durch die Station und riss die Kinder aus ihren Gedanken. Sie schauten sich erstaunt an.

»Der Stein!«, riefen sie gleichzeitig.

Billie und Dino wandten sich von der Kuppel ab und

schwebten dorthin, woher das Geräusch gekommen war. Der blaue Stein klebte nun an einer anderen Stelle an der Wand der Raumstation – und drückte jetzt so kräftig dagegen, dass er eine Furche über den Kunststoff zog!

»Die Station hat sich gedreht«, begriff Billie. »Aber der Stein will immer in dieselbe Richtung … Wie eine Kompassnadel. Darum ist er gewandert.«

Dino versuchte, den Stein von der Wand wegzuziehen. Er konnte ihn nur mit Mühe bewegen.

»Er ist schwerer geworden«, stellte er fest.

»Oder stärker?«, überlegte Billie.

Dino ließ den Stein los. *KLONK!* Mit voller Wucht krachte er wieder gegen die Wand.

»Viel stärker«, stimmte Dino zu. Er runzelte nachdenklich die Stirn. »Wo würde er wohl hinfliegen, wenn er könnte?«

»Zurück dahin, woher er gekommen ist!«, rief Billie.

»Dann bringen wir ihn dorthin!«, entschied Dino. Offenbar konnte ihnen der Stein den Weg direkt zu den Aliens zeigen, die das Signal losgeschickt hatten! Hier auf der lahmgelegten Station konnten sie sowieso nicht bleiben, zur Erde kamen sie nicht zurück – aber vielleicht fand sich bei den Aliens irgendeine Lösung? Es war ihre letzte Hoffnung.

Mit Mühe lösten sie den Stein von der Wand und brachten ihn zurück zur Raumkapsel. Sie schlossen die Luke und schnallten sich auf den Sitzen im Cockpit fest.

»Was kann schon schiefgehen?«, fragte Dino, während er nach dem Steuerknüppel griff.

»Alles?«, erwiderte Billie. Doch aus irgendeinem Grund fühlte sie sich zuversichtlich ... Sie zog einen Hebel mit der Aufschrift UNDOCK. Zischend löste sich die Raumkapsel von der Station. Der metallische Umriss der Schleuse bewegte sich von ihnen weg.

»Wo lang?«, fragte Dino.

Billie schaute auf den Stein, der gegen das Fenster des Cockpits drückte und fast ungeduldig wirkte. »Immer dem Stein nach!«, befahl sie. »Er wird wissen, wo er zu Hause ist.«

Dino lenkte die Kapsel in die Richtung, in die der Stein zu schweben versuchte. Sie ließen die ISS hinter sich und flogen durch die schwarze Weite des Alls. Was auch immer da irgendwo vor ihnen liegen mochte – es war besser, als auf einer Raumstation zu erfrieren.

Nach einiger Zeit zischte etwas Glänzendes an ihnen vorbei. Es war ein alter Satellit mit verbogenen Antennen. Nur einen Moment später wurden sie fast von einem großen Stück Metall gerammt! Ganz knapp trudelte es über sie hinweg.

»Das gehört zum Tank von einer Rakete, glaube ich«, staunte Dino.

Etwas Weißes schwirrte vorüber.

»War das eben eine Kloschüssel?«, fragte Billie ungläubig.

Sie schienen ein Gebiet erreicht zu haben, das vollgestopft mit Weltraumschrott war – fast wie ein interstellarer Schrottplatz. Die Kapsel zitterte und bebte.

»Krass, was die hier oben alles so wegschmeißen!«,

wunderte sich Dino und schaute einem zerfetzten Solarsegel hinterher. »Das wäre richtig viel wert, wenn wir das mitnehmen könnten!«

Billie starrte nachdenklich auf den Schrott.

»Erinnerst du dich an dieses Dreieck?«, überlegte sie. »Das, das mit rotem Filzstift auf die Sternkarte in Boshleys Geheimraum gemalt war?«

»Ja?«, erwiderte Dino.

»Ich glaube, wir fliegen mitten in das rote Gebiet hinein.«

»Und das heißt?«, fragte Dino.

»Keine Ahnung«, gab Billie zu. Noch immer war um die Kapsel herum jede Menge Schrott unterwegs. All das Zeug schien in dieselbe Richtung gezogen zu werden – dorthin, wohin auch der Stein wollte. Und sie flogen genau darauf zu ... Es war wie ein Strudel am Abfluss der Badewanne, der alles Wasser in sich hineinsaugte.

Ihr kam noch ein böser Verdacht.

»Kann das sein, dass wir direkt in ein schwarzes Loch fliegen?«, fragte sie unheilvoll.

»Wie kommst du darauf?«, entgegnete Dino und klang plötzlich ganz verzerrt.

»Du verlierst deine Form!«, schrie Billie entsetzt.

Dino war nicht mehr dinoförmig! Seine Umrisse wurden in die Länge gezogen, als bestünde er aus Knete, an der jemand herumzerrte. Billie schaute auf ihre Hände – und bemerkte, dass ihre Finger plötzlich so lang waren wie Gartenschläuche. Sie wurden länger und länger, genauso wie die Kapsel und Dino – und das gesamte Universum um sie herum: Alles verzog sich zu einer dünnen, kosmischen Spaghetti-Nudel!

Plötzlich flammte grelles Licht auf. Es schien das gesamte Weltall zu verschlingen, als wären sie mitten in eine Sonne gefallen. Von einer Sekunde auf die andere waren Billie und Dino nicht mehr da.

18

DIE BEGEGNUNG

Es war hell. Richtig, richtig hell. Dino hatte keine Ahnung, wo er war. Um genau zu sein, wusste er nicht einmal, *ob* er überhaupt da war. Sehen konnte er sich selbst jedenfalls nicht. Und auch nicht Billie oder auch nur die kleinste Schraube ihrer Raumkapsel. Da war nur dieses goldene Licht – und mittendrin der blaue Stein, der nun ruhig auf der Stelle zu schweben schien.

»Billie?«, fragte Dino beunruhigt. Seine Stimme hallte klar durch das Licht.

»Dino?«, war Billies Stimme zu hören, ganz nah bei ihm.

»Ich seh dich nicht!«, rief Dino.

»Ich seh mich selbst nicht!«, erwiderte Billie.

Plötzlich setzte sich der Stein in Bewegung. Er schwebte zielstrebig durch den Raum – und verschwand im Licht. »Weg isser …«, staunte Dino.

»Hallooo?«, war nun wieder Billies Stimme zu hören. »Kann uns jemand verstehen?«

»Wo sind wir?«, fügte Dino hinzu. Dann wurde das Licht plötzlich etwas weniger grell, als würde es jemand dimmen. Und Dino erkannte, dass er von seltsamen Umrissen umgeben war. Überall um ihn herum schwebten weitere Steine wie der, den sie mitgebracht hatten! Sie alle waren glatt und glänzend. Sie alle schienen von innen heraus zu leuchten – ein goldenes Funkeln und Blitzen; als seien kleine Sonnen darin eingeschlossen.

Die Steine schwebten in einem komplexen Muster umher, bildeten ein leuchtendes Netzwerk. Und jeder von ihnen hatte seinen eigenen Platz, an den er gehörte, einen perfekten Ort nur für ihn. Es mussten Tausende sein, vielleicht sogar noch mehr. Hinter den Steinen kamen weitere Steine, und dann kamen die Steine hinter den Steinen – das Muster ging immer weiter. Vielleicht waren es sogar Millionen? Milliarden?

Dann kamen die Steine näher. Langsam schwebten sie heran. Zugleich konnte Dino sich selbst wieder erkennen – jedenfalls seinen groben Umriss, wie auf einem Foto, das viel zu stark belichtet war. Er schwebte mitten zwischen den Steinen im Licht, und Billie schwebte neben ihm.

»»Hallo«, war plötzlich eine sanfte Stimme zu hören, die überall zugleich zu sein schien. »Wir können euch gut verstehen.«

»Ihr sprecht unsere Sprache?«, staunte Dino.

»Nein«, erwiderte die Stimme.

»Doch!«, widersprach Billie.

»Wir befinden uns an einer Schnittstelle zwischen Zeit und Raum«, erklärte die Stimme. »Hier gibt es keine Materie, kein Zeitvergehen und kein Oben und Unten.«

Die Steine strahlten hell und formierten sich zu verschiedenen Mustern.

»Aber wir können Formen und Töne annehmen, die für euch eine Bedeutung haben«, erklärte die sanfte Stimme, während sich die Steine zu richtigen Bildern formten. Dino konnte eine Art großen Kreis erkennen, mit weiteren Mustern darin. Das war ja ein lächelndes Smiley!

Es zwinkerte den Kindern zu. Daneben hatte sich eine kleine Gestalt geformt: ein grüner Alien mit länglichem Kopf und schrägen Augen, gebildet aus zahllosen Leuchtsteinen. Er winkte fröhlich. Und dort drüben – das waren doch die Umrisse von zwei Schäferhunden! Waren das etwa Karossa und Karacho?

Dino räusperte sich schüchtern. »Darf ich etwas fragen?«

»Du fragst bereits etwas«, stellte die Stimme fest.

»Seid ihr Aliens?«, platzte es aus ihm heraus.

»Wir sind Reisende«, erwiderte die Stimme. »Wir haben eine schwarze Pforte geöffnet und sind einen weiten Weg gekommen, um euren Planeten, die Erde, kennenzulernen.«

Dann waren sie also wirklich direkt auf ein schwarzes Loch zugeflogen – und jemand hatte das Ding künstlich angelegt!

»Cool!«, staunte Dino.

»Warum seid ihr gekommen?«, fragte Billie.

»Wir haben eure Nachricht erhalten«, sagte die Stimme. »Offenbar gab es bei euch das Interesse, andere Lebensformen im Kosmos zu treffen. Und wir mochten die Art, wie ihr Kontakt aufnehmt.«

Plötzlich ertönte prunkvolle Orchestermusik, dann ein Gesang in einer fremden Sprache – und wieder eine andere Melodie. Gleichzeitig schälte sich ein Gegenstand aus dem Licht heraus und kam herangeschwebt: eine goldene Scheibe mit seltsamen Mustern darauf und einem Loch in der Mitte. Das war eine Schallplatte! Eine ganz bestimmte

Schallplatte, von der Dino schon gelesen hatte. Die Raumsonde *Voyager 1* hatte sie an Bord gehabt, als sie 1977 in die Tiefen des Alls aufgebrochen war. Die Platte sollte anderen Zivilisationen zeigen, dass es die Menschheit gab, und enthielt neben zahllosen Infos auch Musik von der Erde. Diese kosmischen Reisenden mussten sie gefunden haben!

»Ihr meint … mit Musik?«, hakte Billie nach.

»Musik …«, wiederholte die Stimme, und es hallte überall im Licht wider. »… Musik … Musik … Musik …«

Offenbar gefiel den Reisenden das Wort – und die Vorstellung dahinter.

»Leider eignet sich die Erdbevölkerung nicht als Partner-Zivilisation«, erklärte die Stimme schließlich. Das Leuchten der Steine schien etwas blasser zu werden.

»Warum nicht?«, fragten die beiden Kinder gleichzeitig.

»Weil ihr uns einsperrt«, erwiderte die Stimme. Betreten schauten sich Dino und Billie an.

»Wir sind mit euch mitgegangen, freiwillig – und ihr habt uns eingesperrt.«

Dinos Blick fiel auf den kleinen, blauen Stein, der sich fast schüchtern zwischen den anderen zu verstecken schien. Und er verstand endlich. Dieser Stein gehörte nicht etwa den Aliens – er *war* ein Alien! Oder anders gesagt: ein Reisender.

»Der … der Stein … den wir … Also, der uns hierhergebracht hat?«, stammelte er.

»Einer von uns sind wir alle«, erklärte die Stimme, und einer der Steine teilte sich in viele kleinere Steine auf.

»Und wir alle sind einer von uns.« Die kleinen Steinchen setzten sich wieder zu einem größeren Stein zusammen. »Deswegen konnten wir hier nicht weg. Wir waren nicht mehr wir. Jetzt sind wir es wieder. Dank euch.«

»Bitte«, murmelte Billie. »Keine Ursache.«

»Gern geschehen«, ergänzte Dino.

Nun leuchteten die Steine wieder heller und näherten sich neugierig.

»Ihr Menschen seid in der Lage, wirklich bemerkenswerte Sachen zu vollbringen«, erklärte die Stimme. »Dinge, die wir nirgendwo sonst im Kosmos finden konnten.«

Die Leuchtsteine formierten sich zu weiteren Mustern. Nun konnte Dino einen Satelliten mit abgebrochenen Antennen erkennen, ein Stück von einem Raketenantrieb, ein abgerissenes Solar-Modul – jede Menge Weltraumschrott.

»Und dann werft ihr die Dinge fort«, sagte die Stimme. »Warum?«

Dino wollte eine Antwort geben – und stockte, weil ihm keine einfiel. Dabei hatte er schon oft darüber nachgedacht, zu Hause auf dem Schrottplatz. Schließlich gab es da mehr als genug Sachen, die irgendwer weggeworfen hatte und mit denen man doch noch so viel anfangen konnte!

»Na ja …«, murmelte Billie. »Das … fragen wir uns auch oft. Und warum man nicht einfach damit aufhört, mit dem Wegschmeißen.«

Dino räusperte sich unbehaglich. »Wir wollen uns nicht

rausreden, nur weil wir noch Kinder sind. Aber … Na ja.«

»Manche Menschen denken, wir gehören alle zusammen«, versuchte Billie zu erklären. »So wie ihr. Und manche Menschen denken, sie gehören nicht dazu. Und verhalten sich dann auch so. Denken nur an sich. Das ist anders als bei euch, glaube ich.«

Die Stimme schwieg. Stumm schwebten die Leuchtsteine um Dino und Billie herum.

Schließlich brach Billie das Schweigen: »Wir würden gerne wieder nach Hause.«

»Wollen wir?«, Dino schaute sie überrascht an.

»Unbedingt!«, rief Billie.

Nachdenklich schaute Dino ins Licht, auf die funkelnden Reihen der steinförmigen Reisenden. Sie standen gerade an der Schwelle zu einem gewaltigen kosmischen Geheimnis – eine fremde Zivilisation aus den Tiefen des Alls! Das war vermutlich die größte Entdeckung, die die Menschheit jemals gemacht hatte. Nach Hause zu gehen, war das Letzte, woran er gerade dachte.

Wieder erklang die sanfte Stimme: »Wir wollen ehrlich zu euch sein: Wir haben beschlossen, dieses Sonnensystem für die nächsten drei Millionen Jahre zu verlassen. Denn wenn ihr so weitermacht, wird eure Art in weniger als hundert Erdenjahren nicht mehr existieren.« Die Steine formten sich zu einer Kugel, auf der Umrisse von Meeren und Kontinenten zu erkennen waren. Die Erde! Doch dann zerfiel das Bild ganz plötzlich in einer stummen Explosion, als die Steine wieder auseinanderstrebten. Dino schaute betreten ins Nichts. »Aber ihr zwei seid besonders«, fuhr die Stimme dann fort. Wenn ihr wollt, könnt ihr mit uns reisen.«

Dino machte große Augen. Man hatte ihn gerade eingeladen, die Weiten der Galaxis jenseits des Sonnensystems zu erkunden! Aber dann musste er plötzlich an zu Hause denken, und er bekam Sehnsucht. Nach seiner Zentrale auf dem Schrottplatz und Karacho und Karossa. Natürlich auch nach Mama und Papa, nach dem Ferrari-Grill, den Bäumen, den Vögeln – eben nach der Erde!

»Danke«, sagte er. »Das ist sehr nett. Aber …« Er seufzte. »Vielleicht ein anderes Mal.«

Billie lächelte ihn an. »Gute Entscheidung, Dino!« Sie griff spontan seine Hand und drückte sie fest.

»Karacho und Karossa warten ja auch«, murmelte Dino verlegen.

»Ihr seid wirklich anders als die Menschen, die wir beobachtet haben«, verkündete die Stimme im Licht. »Bitte nehmt ein kleines Geschenk von uns an.«

Der blaue Leuchtstein kam herangeschwebt. Er berührte Billies und Dinos Hände, die noch immer ineinander verschränkt waren und stieß ein goldenes Leuchten aus. Dann entfernte er sich wieder. Doch Dino spürte, dass ihre Hände nun plötzlich nicht mehr leer waren. Sie lösten ihre Finger voneinander und konnten sehen, dass sie gemeinsam einen kleinen Gegenstand hielten. Es war ein grauer Stein, etwas kleiner als Dinos Faust und überzogen von Linienmustern. Er fühlte sich kalt und glatt an. Und er leuchtete nicht.

»Okay, danke …«, murmelte Billie überrumpelt. »Und wie kommen wir hier weg?«

Die Stimme antwortete nicht. Doch die Kinder konnten sehen, wie sich plötzlich ein sperriger Umriss durch das Licht bewegte. Das war ihre Raumkapsel! Allerdings sah sie ziemlich zerdellt und verbogen aus – mit dem Ding konnten sie wohl kaum noch fliegen.

Weitere Umrisse schwebten herbei: Satelliten-Trümmer, Solar-Module, sogar die Kloschüssel. Der Weltraumschrott verband sich ganz von selbst mit der Raumkapsel, baute sie aus, veränderte ihre Umrisse – hier kam eine neue Tragfläche dazu und dort eine Antenne. Plötzlich leuchtete das Gefährt für einige Sekunden in grellem Licht auf. Und vor Dino und Billie schwebte der genialste Raumgleiter, den man sich wünschen konnte! Er war aus Schrott zusammengebastelt wie Dinos Konstruktionen zu Hause und wirkte doch hundertmal fortschrittlicher als alles, was Menschen bauen konnten. Das Teil würde sie definitiv heil zurück auf die Erde bringen!

»Ich würde mal so sagen«, flüsterte Dino beeindruckt, »einfach einsteigen und losfliegen.«

19

DIE RÜCKKEHR

Wie ein flammender Meteor tauchte der Raumgleiter in die Erdatmosphäre ein – im steilen Winkel und rasend schnell. Billie und Dino wurden mit Wucht in die Pilotensitze zurückgedrückt. Die Spitze des Gleiters glühte tiefrot durch die Reibungshitze, als wollte das ganze Gefährt jeden Moment in Flammen aufgehen und zu Asche verglühen.

»Aaaaaaah!«, schrien die Kinder aus voller Kehle.

»Wie sind viel zu schnell!«, brüllte Dino.

»Ich weiß«, erwiderte Billie hilflos, während sie sich an die Lehnen des Sitzes klammerte. Flammen tanzten über den Raumgleiter.

Doch er verbrannte nicht.

»Wie kann das sein?«, fragte sie ungläubig.

»Alien-Technik?«, erwiderte Dino. »Anscheinend haben sie die Kiste irgendwie aufgemotzt ...«

Dann durchstießen sie auch schon die Wolkendecke, und vor ihnen breitete sich eine endlos weite, dunkelblaue Fläche aus: der Atlantische Ozean. Es gab einen heftigen Ruck, als die drei Bremsschirme der Raumkapsel ausgelöst wurden. Mit gedrosselter Geschwindigkeit trudelten sie dem Meer entgegen und tauchten schließlich platschend in die Wellen ein. Aus dem Cockpit-Fenster war nicht länger das All zu sehen, sondern das schwappende Wasser unter ihnen. Oben erstreckte sich hellblau der Himmel. Die Kapsel trieb wie ein Korken auf dem Ozean.

Das Meer gluckerte sanft und irgendwo in der Raumkapsel zischte ein defektes Gerät. Ansonsten war alles um sie herum friedlich und still. Warm schien die tropische Sonne ins Cockpit.

Billies Beine fühlten sich an, als hätte sie Knie aus Zuckerwatte. Sie konnte nicht glauben, dass sie den Sturzflug durch die Atmosphäre wirklich überstanden hatten – und dass sie wieder zurück auf der Erde waren!

»War's das?«, fragte Dino misstrauisch. Billie nickte. Dann bemerkte sie, dass sie immer noch einen kleinen, glatten Gegenstand in der Hand hielt. Der Alien-Stein!

Sie öffnete die Finger, um ihn näher zu betrachten. Grau und unscheinbar ruhte er auf ihrer Handfläche – als hätte sie ihn irgendwo im Garten aufgehoben.

Dino nahm den Stein vorsichtig an sich. Er hielt ihn in die Luft – und ließ los. *KLONK!* Mit einem satten Aufprall fiel der Stein zu Boden. Eben wie ein Stein. Nichts mit Schweben, nichts mit Leuchten. Einfach nur *KLONK*.

»Echt jetzt?«, murmelte Dino enttäuscht. Billie zuckte mit den Schultern.

Ein plötzliches Klappern an der Luke der Raumkapsel unterbrach die Kinder in ihren Grübeleien. Erschrocken schauten sie hoch. Da ging die Luke auch schon auf und ein Mann mit Helm schaute zu ihnen herein. Er hing offenbar an einem Stahlseil aus einem Hubschrauber, der über der Kapsel schwebte! Ein erleichtertes Grinsen breitete sich auf seinem Gesicht aus.

»Alles klar, Kids?«, fragte er.

Dann ging alles ganz schnell. Billie und Dino wurden mit

einem Rettungsgeschirr aus der Kapsel geholt und hinauf in den Hubschrauber gebracht. Im Eilflug ging es zurück nach Französisch-Guayana. Ungläubig schüttelte Billie den Kopf. Noch vor wenigen Tagen hätte sie es total cool gefunden, mit so einem Helikopter fliegen zu dürfen. Inzwischen kam es ihr vollkommen normal vor – immerhin war sie gerade noch an Bord einer Raumkapsel gewesen und hatte einen Sturzflug aus dem All hingelegt!

Schon bald tauchte die dunkelgrüne Küste vor ihnen auf, und wenig später auch der Weltraumbahnhof Kourou mit seinen Masten und Antennen. Der Hubschrauber landete draußen auf dem freien Feld vorm Kontrollzentrum.

Als die Kinder ausstiegen, warteten jede Menge Leute auf sie. Die Journalistinnen und Journalisten, die schon bei Boshleys Vortrag gewesen waren, drängelten um die Wette, um die besten Fotos zu machen. Wissenschaftlerinnen und Mitarbeitende des Kontrollzentrums jubelten erleichtert. Alle klatschten, als Billie und Dino langsam an den Reihen entlanggingen, auf das Gebäude zu.

Plötzlich war aufgeregtes Bellen zu hören. Karossa und Karacho kamen ihnen entgegengeschossen, dicht gefolgt von Dinos Eltern und Billies Vater! Noch ehe Billie wusste, wie ihr geschah, hatte Papa sie auch schon in die Arme geschlossen und hochgehoben. Er presste sie fest an sich und ohne ein Wort zu sagen, sah er sie einfach nur an.

»Was?«, fragte Billie schließlich.

»Nichts«, erwiderte ihr Vater. »Du bist einfach …«

»… wie Mama?«, fragte Billie. Immerhin war sie jetzt schon die zweite Astronautin in der Familie!

Papa nickte. »Wie Mama. Nur leichter.« Er trug sie immer noch, als wäre sie ein kleines Kind. Und Billie fand das gerade gar kein bisschen peinlich …

Aus dem Augenwinkel bemerkte sie, dass auch Dino getragen wurde. Seine Mutter hielt ihn fest und sah nicht so aus, als würde sie ihn in absehbarer Zeit wieder hergeben.

»Ich werde langsam zu schwer, oder, Mama?«, fragte er besorgt.

»Niemals, Dino!«, erwiderte seine Mutter mit Tränen in den Augen. »Niemals …«

Billies Vater und Dinos Mutter nahmen die Kinder auf die Schultern. So ging es im Triumphzug voran. Billie war sich nicht sicher, ob sie stolz winken oder verlegen den Kopf einziehen sollte. Nach der Stille draußen im All war das jetzt alles ein bisschen viel! Aber sie fühlte sich auch sooo unendlich erleichtert …

Plötzlich standen ihnen zwei Männer im Weg. Das waren die beiden Anzug-Typen, Boshleys besondere Kumpels! Auch sie klatschten, aber es wirkte nicht sehr begeistert.

Papa und Dinos Mutter ließen die Kinder runter. Die beiden Anzug-Typen kamen direkt auf sie zu. Sie lächelten breit, was ungefähr so natürlich aussah, als hätte man ihre Mundwinkel mit Wäscheklammern nach oben gezogen.

»Herzlichen Glückwunsch, ihr zwei!«, verkündete einer von ihnen.

»Ihr seid jetzt richtige Superstars«, ergänzte der Zweite. »Gut gemacht!«

Karossa und Karacho knurrten misstrauisch. Dinos Vater trat beschützend einen Schritt vor.

»Bevor Ihre Kinder wieder nach Hause können«, erklärte ein Anzug-Typ den Eltern, »müssen sie noch kurz mit uns mitkommen.«

»Nur eine kleine Checkup-Untersuchung«, ergänzte der zweite. »Tut auch nicht weh.«

Billie und Dino verdrehten die Augen. Es war sternenklar, was die beiden Männer wirklich wollten: den schwebenden Stein! Zum Glück war er inzwischen zu seiner Zivilisation zurückgekehrt. Es bestand also keine Gefahr, dass die Typen ihn in die gierigen Finger bekamen. Aber leider würden sie den grauen Stein finden, den die Reisenden ihnen als Andenken mitgegeben hatten. Es sei denn ...

Billie hatte eine Idee.

»Bis gleich, Paps!«, flötete sie und umarmte ihren Papa zum Abschied. Dabei steckte sie den Stein heimlich in seine hintere Hosentasche. Er weitete überrascht die Augen, aber ehe er etwas sagen konnte, zwinkerte Billie ihm verschwörerisch zu und er nickte verstehend. Dino grinste breit. Auch er schien mitbekommen zu haben, was Billies Plan war.

Dann gingen die beiden Kinder mit den Anzug-Typen mit. Eine schwarze Limousine brachte sie zu einem Nebengebäude, vor dessen Eingang einige Steinkübel mit Tropenpflanzen standen. Billie sah aus dem Augenwinkel, wie Dino sich im Vorbeigehen einen runden, grauen Stein aus einem der Blumentöpfe schnappte.

Drinnen mussten sie die geliehenen Raumfahrt-Klamotten ausziehen. Dr. Boshley führte die Aufsicht, während sie von einer Ärztin untersucht und mit einem Röntgengerät durchleuchtet wurden. Natürlich fiel dabei auch der Stein auf, den Dino fest an sich gepresst hielt. Seufzend musste er ihn herausgeben, und einer der Anzug-Typen ließ ihn mit einem selbstzufriedenen Grinsen in einem Metallkoffer verschwinden.

Dann mussten Billie und Dino lang und breit berichten, was sie dort draußen im Weltall erlebt hatten. Das taten sie, und sie blieben dabei ganz bei der Wahrheit. Dass die Anzug-Typen ihnen die Sache mit den Reisenden nicht glaubten, war nicht ihre Schuld – wenn die Typen Kinder nicht ernst nahmen, hatten sie halt Pech gehabt! Genau solche Menschen waren es, die dafür sorgten, dass die Reisenden sich jetzt erst einmal für drei Millionen Jahre aus dem Sonnensystem zurückzogen.

Schließlich durften Billie und Dino gehen. Draußen warteten schon ihre Eltern, um sie in Empfang zu nehmen.

»Was wohl dabei herauskommt, wenn die Typen den Stein aus dem Blumenkübel untersuchen?«, überlegte Billie auf dem Weg zum Taxi, das die Kinder und ihre Eltern zurück nach Cayenne bringen sollte. »Ob Boshley wohl darauf kommt?«

»Ich glaube, die weiß das schon«, meinte Dino. »Sie hat jedenfalls den Daumen hochgestreckt und gegrinst, als ich den Stein aufgehoben habe. Sie kann diese Anzug-Typen wohl auch nicht mehr leiden …«

EINIGE TAGE SPÄTER …

Ein appetitlicher Geruch zog über den Schrottplatz. Dinos Vater hatte sein Versprechen gehalten und den Ferrari-Grill angeworfen: Aus dem Motorblock eines alten Sportwagens hatte er einen Profi-Grill mit Pommes-Fritteuse gebastelt, auf dem er die leckersten Sachen zubereitete. Mittlerweile war es dunkel geworden, aber Dino und Billie saßen noch immer mit ihren Eltern auf Gartenstühlen und alten Autositzen rings um den Grill herum. Sie hatten es sich auf dem Schrottplatz richtig gemütlich gemacht. Dinos Mutter zupfte auf ihrer Gitarre, während Karossa und Karacho zufrieden zu ihren Füßen schliefen.

»Noch 'ne Wurst, Alex?«, fragte Dinos Vater fröhlich.

»Boah, Wolfgang, wohin damit?«, stöhnte Billies Papa. »Ich platze!«

Wolfgang wirkte zufrieden. Auch Dino und Billie waren pappsatt und verabschiedeten sich langsam von den Erwachsenen. Sie wollten die warme Sommernacht nutzen, um in ihren Schlafsäcken auf dem Dach des Doppeldeckerbusses zu übernachten.

Gemeinsam kletterten sie hinauf und machten es sich bequem. Der Himmel war wolkenlos und Abertausende von Sternen funkelten auf sie herab. Kaum zu glauben, dass sie selber vor Kurzem dort oben gewesen waren …

Dino hielt den grauen Stein hoch, dem Sternenhimmel entgegen.

»Komisch, dass er gar nicht schwebt«, meinte er. »Und normal schwer ist.«

»Ich glaube, er ist einfach nur ein Andenken«, erwiderte Billie.

»An die Aliens?«

»An die Aliens«, stimmte sie zu. »An unsere Reise ins All. An meine Mutter.« Sie schwieg kurz nachdenklich. »Jetzt glaube ich doch, dass sie dort oben ist.«

Ihre Mutter hatte nach Aliens gesucht – und sie gefunden. Sie hatte für das gelebt, woran sie geglaubt hatte. Billie war stolz auf sie – *und* sie hatte vor, es genauso zu machen!

»Und eine Erinnerung an die Musik«, ergänzte Dino, der offenbar an die goldene *Voyager*-Schallplatte dachte.

»Und daran, dass wir beste Freunde sind«, schloss Billie gähnend. Dann sagten sie nicht mehr viel. Grillen zirpten und in der Ferne war die Gitarre von Dinos Mama zu hören. Die beiden Kinder kuschelten sich zufrieden in ihre Schlafsäcke. Den grauen Stein legten sie zwischen sich.

Es dauerte nicht lange, bis die beiden besten Freunde und Weltraumreisenden eingeschlafen waren. Sie bekamen nicht mit, wie der graue Stein langsam von innen heraus zu leuchten begann, als wollte er dem silbernen Licht der Sterne in der Weite des Alls antworten.

KLEINES RAUMFAHRT-LEXIKON

Hier sind für euch die wichtigsten Weltraumbegriffe aus dem Buch zusammengefasst. Ihr werdet sehen, dass manche Dinge in Wirklichkeit etwas anders sind als in der Geschichte ...

Ariane: So heißt die bekannteste Raketen-Baureihe der ESA. Derzeit wird an der Ariane-6 gearbeitet, also bereits an der sechsten Rakete der Reihe!

ATV: Diese Abkürzung steht für »Automated Transfer Vehicle«, das ist Englisch und bedeutet »automatisches Transferfahrzeug«. Diese Raumkapseln ohne Besatzung brachten Dinge wie Nahrung und Ausrüstung zur ISS. Inzwischen werden andere Transportsysteme verwendet. Das ATV in der Geschichte ist eine Weiterentwicklung und kann auch Personen befördern – das entspricht also nicht ganz der Wahrheit. Weil die Idee aber schon ziemlich genial ist, gibt es Überlegungen, auch in Wirklichkeit solch einen Personentransporter zu bauen.

ESA: Das ist die Abkürzung für die englische Bezeichnung »European Space Agency«, übersetzt heißt das »Europäische Weltraumorganisation«. Die ESA widmet sich der Weltraumforschung, indem sie zum Beispiel Raketen baut und startet oder Astronauten und Astronautinnen ausbildet, damit sie ins All fliegen können. Wer weiß, vielleicht wirst du ja auch eines Tages von dort aus das All erkunden ...

ISS: Auch das ist eine englische Abkürzung und steht für »International Space Station«. Das heißt auf Deutsch »Internationale Raumstation«. Die ISS schwebt im Weltall und wird von verschiedenen Raumfahrtorganisationen gemeinsam betrieben, unter anderem von der US-amerikanischen Organisation NASA und der europäischen Organisation ESA. Sie ist seit dem Jahr 2000 fast durchgehend mit Astronautinnen und Astronauten aus verschiedenen Ländern besetzt, die den Weltraum erforschen. Der letzte deutsche Astronaut, der auf der ISS war, heißt Matthias Maurer. Ein halbes Jahr hat er dort gearbeitet; hättest du auch Lust dazu?

Kosmisches Rauschen: Eigentlich ist das gar kein Geräusch, sondern Strahlung aus dem Weltraum. Wenn diese Strahlung auf sogenannte Funkempfänger bei uns auf der Erde trifft, entsteht das Rauschen – oder zumindest hört es sich so an, als würde es rauschen. Diese Strahlung lässt sich messen und gibt uns viele spannende Informationen über das Universum. Übrigens kannst du zu Hause auch Strahlung hören; zum Beispiel, wenn die Mikrowelle dein Essen erhitzt. Probiere es doch mal aus, aber nur zusammen mit einem Erwachsenen.

Kourou: So heißt eine Stadt in Französisch-Guayana, Südamerika. Dort liegt der Weltraumbahnhof der ESA. Hier starten unter anderem die Ariane-Raketen, um beispielsweise Satelliten ins All zu bringen. Allerdings gibt es in Kourou kein eigenes Programm für die Raumfahrt mit Besatzung. Natürlich gibt es trotzdem ESA-Astronauten und Astronautinnen wie Billies Mutter; die fliegen jedoch bei anderen Weltraumorganisationen mit und starten nicht von Kourou aus.

Observatorium: So nennt man ein Forschungszentrum, das vom Boden aus den Weltraum erforscht. Oft stehen darin riesengroße Teleskope, mit denen es möglich ist, Sterne und Planeten anzuschauen. Sie scheinen dann ganz nah zu sein, als würde man durch ein superstarkes Fernglas schauen.

Roter Riese: Das ist ein uralter, großer Stern, der rot leuchtet. Mit dem bloßen Auge sind die Roten Riesen kaum zu erkennen, dafür braucht man ein Teleskop.

Schwarzes Loch: Ein schwarzes Loch hat keine Oberfläche wie ein Stern oder ein Planet. Es ist eine Region im Weltraum, in der unglaublich viel Masse auf einem winzigen Punkt zusammengeballt ist. Dadurch ist die Schwerkraft so stark, dass sie alles in der Nähe verschlingt und nie wieder hergibt – nicht einmal das Licht. Also pass lieber auf, dass deine Hausaufgaben nicht dort hineingeraten …